"少年轻科普"丛书

遇到危险怎么办
—— 我的安全笔记

U0396874

史军 / 主编

临渊 / 著

广西师范大学出版社
·桂林·

图书在版编目（CIP）数据

遇到危险怎么办：我的安全笔记／史军主编.—桂林：
广西师范大学出版社，2019.5（2020.10 重印）
（少年轻科普）
ISBN 978－7－5598－0872－1

Ⅰ.①遇… Ⅱ.①史… Ⅲ.①安全教育－少儿读物
Ⅳ.①X956－49

中国版本图书馆 CIP 数据核字（2018）第 097420 号

遇到危险怎么办：我的安全笔记
YUDAO WEIXIAN ZENMEBAN：WO DE ANQUAN BIJI

出 品 人：刘广汉
责任编辑：周　伟
项目编辑：杨仪宁
装帧设计：DarkSlayer
内文设计：钟　颖
插　　画：桓　公
广西师范大学出版社出版发行
（广西桂林市五里店路9号　　邮政编码：541004
网址：http://www.bbtpress.com ）
出版人：黄轩庄
全国新华书店经销
销售热线：021－65200318　021－31260822－898
山东韵杰文化科技有限公司印刷
（山东省淄博市桓台县桓台大道西首　邮政编码：256401）
开本：720mm×1 000mm　　1/16
印张：10.25　　　　　　　字数：64 千字
2019 年 5 月第 1 版　　2020 年 10 月第 2 次印刷
定价：39.00 元

如发现印装质量问题，影响阅读，请与出版社发行部门联系调换。

序
PREFACE

每位孩子都应该有一粒种子

在这个世界上，有很多看似很简单，却很难回答的问题，比如说，什么是科学？

什么是科学？在我还是一个小学生的时候，科学就是科学家。

那个时候，"长大要成为科学家"是让我自豪和骄傲的理想。每当说出这个理想的时候，大人的赞赏言语和小伙伴的崇拜目光就会一股脑地冲过来，这种感觉，让人心里有小小的得意。

那个时候，有一部科幻影片叫《时间隧道》。在影片中，科学家们可以把人送到很古老很古老的过去，穿越人类文明的长河，甚至回到恐龙时代。懵懂之中，我只知道那些不修边幅、蓬头散发、穿着白大褂的科学家的脑子里装满了智慧和疯狂的想法，它们可以改变世界，可以创造未来。

在懵懂学童的脑海中，科学家就代表了科学。

什么是科学？在我还是一个中学生的时候，科学就是动手实验。

那个时候，我读到了一本叫《神秘岛》的书。书中的工程师似乎有着无限的智慧，他们凭借自己的科学知识，不仅种出了粮食，织出了衣服，造出了炸药，开凿了运河，甚至还建成了电报通信系统。凭借科学知识，他们把自己的命运牢牢地掌握在手中。

于是，我家里的灯泡变成了烧杯，老陈醋和碱面在里面愉快地冒着泡；拆解开的石英钟永久性变成了线圈和零件，只是拿到的那两片手表玻璃，终究没有变成能点燃火焰的透镜。但我知道科学是有力量的。拥有科学知识的力量成为我向往的目标。

在朝气蓬勃的少年心目中，科学就是改变世界的实验。

什么是科学？在我是一个研究生的时候，科学就是炫酷的观点和理论。

那时的我，上过云贵高原，下过广西天坑，追寻骗子兰花的足迹，探索花朵上诱骗昆虫的精妙机关。那时的我，沉浸在达尔文、孟德尔、摩尔根留下的遗传和演化理论当中，惊叹于那些天才想法对人类认知产生的巨大影响，连吃饭的时候都在和同学讨论生物演化理论，总是憧憬着有一天能在《自然》和《科学》杂志上发表自己的科学观点。

在激情青年的视野中，科学就是推动世界变革的观点和理论。

直到有一天，我离开了实验室，真正开始了自己的科普之旅，我才发现科学不仅仅是科学家才能做的事情。科学不仅仅是实验，验证重力规则的时候，伽利略并没有真的站在比萨斜塔上面扔铁球和木球；科学也不仅仅是观点和理论，如果它们仅仅是沉睡在书本上的知识条目，对世界就毫无价值。

科学就在我们身边——从厨房到果园，从煮粥洗菜到刷牙洗脸，从眼前的花草大树到天上的日月星辰，从随处可见的蚂蚁蜜蜂到博物馆里的恐龙化石……

处处少不了它。

其实，科学就是我们认识世界的方法，科学就是我们打量宇宙的眼睛，科学就是我们测量幸福的尺子。

什么是科学？在这套"少年轻科普"丛书里，每一位小朋友和大朋友都会找到属于自己的答案——长着羽毛的恐龙、叶子呈现宝石般蓝色的特别植物、僵尸星星和流浪星星、能从空气中凝聚水的沙漠甲虫、爱吃妈妈便便的小黄金鼠……都是科学表演的主角。"少年轻科普"丛书就像一袋神奇的怪味豆，只要细细品味，你就能品咂出属于自己的味道。

在今天的我看来，科学其实是一粒种子。

它一直都在我们的心里，需要用好奇心和思考的雨露将它滋养，才能生根发芽。有一天，你会突然发现，它已经长大，成了可以依托的参天大树。树上绽放的理性之花和结出的智慧果实，就是科学给我们最大的褒奖。

编写这套丛书时，我和这套书的每一位作者，都仿佛沿着时间线回溯，看到了年少时好奇的自己，看到了早早播种在我们心里的那一粒科学的小种子。我想通过"少年轻科普"丛书告诉孩子们——科学究竟是什么，科学家究竟在做什么。当然，更希望能在你们心中，也埋下一粒科学的小种子。

"少年轻科普"丛书主编　史军

目录
CONTENTS

开 篇

我叫李小蛋，今年9岁。据说妈妈在生我之前特别特别爱吃蛋，鸡蛋、鸭蛋、鹅蛋、鹌鹑蛋……她什么蛋都想吃，因此在我出生之后就给我起了个特别的名字：李小蛋！我曾经抗议过，可惜无效，老妈每次都笑眯眯地说："蛋，营养丰富！"

唉！

我相信整个地球上也没有比我更倒霉的人了——我遇到过各种各样的倒霉事情，倒霉到你难以相信，以至于大家不叫我"李小蛋"，而叫我"倒霉蛋"。

但是，你知道，世界上没有永远只有负能量的事或人，即使是我，也会有吉人相助——嗯，准确地说，这个"吉人"是一个聪明的小球，我叫它"玉米球儿"，因为我爱吃玉米！哈哈！它是我在一个偶然的机会下得到的（据它自己说，它来自很远很远的地方——远到我难以想象，我猜它也许是个外星生物），我们可以通过思想交流。

托它的福，我总算还平安活着，而且积累了很多安全方面的生活经验。这些经验我都愿意和你分享哦！

对不起，我不能帮你！

好吧，看完这个标题，也许你觉得我不够礼貌。可是，只有经历过的人才知道，在很多时候，能勇敢地说"不"才是正确的。

在我们这个地球上，并不是所有人都是好人。有些看起来很亲切的大人其实是"大灰狼"。这一点，很多乐于助人的小朋友并不知道，但我知道——因为我曾经历过一件事，也正因为这件事，我才和玉米球儿交上了朋友。

在我们家附近，有个很小的小公园。那里有一个小沙坑，我经常在里面玩沙子，一玩就是半天。还有个小池塘，有很多小鱼游来游去，我常常带点馒头去喂它们。有时候我还去玩滑梯、荡秋千，和小朋友压跷跷板；或者干脆到草丛中捉蚂蚱、看蚂蚁、追麻雀……总之，小公园是我小时候最喜欢去的地方。可是有一次，老爸带着我刚走到半路，就接到要去加班的电话。

怎么办呢？爸爸一定会先把我送回家的！这可不行！我灵机一动，大声保证道："老爸，你放心吧，我从小就在这里玩，很熟悉这里。我就在公园的小广场玩，哪里也不去，直到你来接我为止，好不好？"

爸爸大约觉得我长大了，而且他加班的时间也不长，嘱咐了我几句，他就放心地走了。

哈哈，自由了！

这是我第一次独自在公园里玩，充满了探险的感觉！我开心地跑来跑去。不知道为什么，我突然发现一个小小的、红蓝格子的、脏兮兮的球躺在路边，好像在说："我被主人扔了，我好可怜哦！"本来不会关注这种东西的我，当时却似乎被一股强大的魔力吸引着——我向小球跑去，把它捡起来，鬼使神差地丢到了背包里，然后再次向沙坑冲去……

"小朋友，小朋友！"忽然我听到有人

叫我，原来是一位衣着很干净，长相很亲切的陌生叔叔。

"你能帮我个忙吗？我的狗叫小巴，它最喜欢可爱的小朋友了。现在它走丢了，你帮我一起把它找回来好吗？"那个叔叔有点着急地说着，还拿出了一张照片，上面是一只很萌的沙皮狗。它的小眼睛又圆又亮，好像正滴溜溜地转着。我一眼就喜欢上了它。

"爸爸说过，他希望我做一个有礼貌、有教养、乐于助人的小朋友，也许我该帮帮他。"我这么想着，便开始在四周找了起来，可是压根看不到小狗的影子。

"要不，我们去那边的小树林找找？"那个叔叔说道。我看了看，心里忽然响起了小警铃：那个小树林平时很少有人去，我有点害怕。

"唉，小巴找不到主人，肯定要急死了。"那个叔叔叹了一口气。

"是哦……"正当我下决心跟他去找小狗时，一个奇怪的声音忽然在脑海里响起来："爸爸知道你去哪里吗？你有没有答应过爸爸什么？"

对啊，爸爸并不知道我去哪里了，我答应过爸

爸就在小广场玩的。想到这儿，我马上说："叔叔，对不起，我不能帮你了。"

"哎呀，小朋友，帮帮忙吧，小狗说不定正在哭呢。"那个叔叔继续劝我。

那个奇怪的声音又响了起来："快跑，别理他！"

不知道为什么，我竟然觉得这个奇怪的声音说得很对，于是我拔腿就跑。即使那个叔叔一个劲地喊，我也没有理他。

"你做对了！我的棒儿子！"当爸爸回来接我，听我说完所有的事情后，开心地抱起了我，"好孩子，记住，在帮助别人的时候，前提条件是自己不会有危险。必须在公开场合，在其他人看得到的地方；在没有其他可以信赖的大人在场时，帮陌生人找东西，把东西拿到停车场去，靠近车子，帮迷路的开车的人指路，帮助一名陌生的残障人士……都是危险的行为，不能做哦！"

"嗯！"我重重点了点头，顿时觉得自己长大了很多。

晚上睡觉时，我不知怎地又想起了那个奇怪的声音和那个小球，于是我掏出了小球，仔细看了起来。

那个奇怪的声音又出现了："嘘——别说话，我是你手中的小球，我的故事我会慢慢告诉你，你先不要告诉爸爸妈妈，好吗？放心，我绝对不会伤害你。"

"可你是从哪儿来的呢？"我想。

这个小球好像我肚子里的蛔虫一样，马上回答："因为一个意外，我来到了这里。我喜欢这里，但是时间长了，我觉得有点孤独，所以，一直在找一个能和我用思想沟通的人。我找了很久很久，现在终于找到你了。我会像好朋友一样帮助你，你相信我吗？"

"当然！今天你已经帮助我了！"

"是的，哈哈！我还有很多事想告诉你和小朋友们呢。"

从那以后，我就和这个叫"玉米球儿"的神奇小家伙成了形影不离的好朋友。下面这些话，就是这次玉米球儿要我告诉大家的——

Saturday / ☀

保护自己最重要!

玉米球儿提醒

1. 如果有人——不管是男是女——跟你说要你跟他走，或是帮他的忙，千万不能答应，即使对方送你礼物、给你好吃的也不行。还有，如果有人坐在车上问路，一定不能靠近车子。

2. 会欺负孩子的人常常很亲切，看起来像好人。

3. 如果有人喜欢有意无意地触碰你的身体，一定要提防这个人。万一有大人强迫你做让你觉得不舒服的事，你一定要告诉爸爸妈妈，或是其他你可以信赖的大人。

4. 坏人常常会把目标锁定在单独的人身上，所以小朋友在外面时要结伴而行。

思考三个问题！

千万记住

如果你在某个地方，有人——就算是一个你很熟的人——要你帮他的忙，或者要你跟他去一个地方，你应该先想想三个问题：

1. 如果我答应他，爸爸妈妈知道我去了哪里吗？

2. 去了那个地方，会有别人帮我的忙吗？

3. 这个人要我做的这件事，让我感觉舒服吗？

只要这三个问题里有一个答案是否定的，就要立刻拒绝。

再次提醒：别人请你帮忙，你不帮忙的话一点也不会不礼貌。大人或年纪比你大的青少年如果需要帮忙，应该请其他大人，而不是找小孩子。

02 居然被困在电梯里

今天，可真是我不愿意回忆的一天。

其实最开始的时候还是蛮好的。天空蔚蓝，飘着几丝白云，阳光正好，我的心情也不错。我打算带着玉米球儿去拜访一位老爷爷，听说他会讲很多很有趣的故事。

老爷爷住在一栋老楼房的8层，这栋楼现在看起来挺破败的，但当年一定很高级——因为它有电梯。你知道的，电梯出现的时间并不早，据说最早的电梯是用人力拉动的"飞椅"，后来才出现了用蒸汽和电力驱动的电梯，直到1852年才发明了用蒸汽作为动力的升降机。

老爷爷家这栋楼的电梯虽然没有那么久的历史，但也很老了。我在嘀嘀咕咕走进去的时候，看着昏黄的灯和暗暗的电梯间，一瞬间有了爬楼梯的想法……可是，我竟然没

TIPS
....
1907年奥的斯公司在上海的汇中饭店（现在的和平饭店南楼）安装了2台电梯。这2台电梯被认为是我国最早使用的电梯。
....

有那么做。

我抱着侥幸的心理，按下了数字"8"。刚开始电梯还很正常，虽然速度慢了点，还发出"咔咔"的声音，但它仍在稳步上升。可是，突然，灯光开始闪烁，这可不是什么好兆头！我刚刚浮现出不祥的预感，倒霉的事就来了——

电梯不动了！

怎么办？我飞快地转动着脑筋。"按呼救铃！"

就在电梯按钮板上方，有一个红色的呼救按钮，一般通往物业监控——这个电梯肯定坏了很多回了，按钮的颜色都快磨光了。

我不间断地按着呼救铃，期待着听到物业管理人员天籁一般的声音。可惜我的倒霉蛋体质又发挥出巨大的影响力，没有任何人回答我，警铃竟然不起作用了！

"不怕，不怕！"我努力安慰着自己，汗珠还是大滴大滴地滑下来。我想到了！还可以打电话！扭头一看，哈哈！电梯的一侧写着维修部门的联系方式。

然而，我掏出手机才发现，竟然没有信号！

很快，我又想出一个办法：脱下鞋子开始有规律地敲打电梯门。"哐哐哐"，根据我多次倒霉的经验，有规律的响声最容易引起别人的注意。

也许你会奇怪，我为什么不喊大叫？这你就不懂了，因为不知道我会困在这儿多长时间，所以还是尽量节省点体力比较好。当然了，如果听见有人经过的声音，我一定会拼命大叫呼救的。

另外，我只是个身手一般的普通小孩，所以并没打算扒开电梯的天花板，爬上去进行所谓的"自救"。因为我知道电梯现在失控了，谁知道它会不会突然恢复工作呢？要是那样，我可就惨了。再说了，电梯有可能卡在两层楼之间，我爬上去后可能会看到一堵墙；电梯天窗外是钢缆电线，不小心触电或被绊倒也十分危险……

你现在知道了吧，这就是我一直很倒霉却没有造成严重后果的重要原因之一：我很谨慎。

好吧，现在继续回到现场。

就在我不厌其烦地敲打电梯门的时候，电梯突然恢复工作了！它速度飞快地下降，我甚至有一种滑向地狱的感觉。

就在这时，我的好伙伴玉米球儿终于出主意了！我脑海里出现了一个极其清晰的声音："快按下所有楼层的按钮，然后躺倒在地，头枕在胳膊上！"我马上照做。

没过多久，电梯又停了，我却不敢动了。过了好长一段时间，我才小心翼翼地坐起来继续用鞋子砸电梯门。

就这样，不知道过了多长时间，也许过了很久，也许就几分钟，我终于听见了世界上最美好的声音——虽然隔着电梯门，我依然听见有人走了过来，温柔地问我："你还好吗？请休息一下，我们正在救援，你马上就可以出来了。"

那一瞬间，我一下子觉得轻松了，一点力气都没有了，立刻瘫倒在电梯里。

接下来的事情你都知道了，我被救了出来，在医院观察了几天，还上了报纸。为了不让更多人遭遇和我一样的危险，爸爸还找到小区物业和电梯的维修保养单位进行了投诉和索赔。

而老爷爷呢，特意多给我讲了很多他年轻时的惊险经历，那就是另外一个故事了。

乘电梯要注意什么?

1. 小朋友尽量不要一个人乘电梯。

2. 被电梯困住时，最好是等待消防队或专业维修人员营救。电梯是有防坠落安全装置的，所以不用过于担心电梯掉下去。

被电梯困住时该怎么办?

1. 当你被困在电梯里，首先要做的就是保持镇定，然后迅速采取适当措施。千万不要扒电梯门或往电梯顶翻爬。

2. 你可以找到电梯内的紧急报警装置，通过报警装置向外界求救。

3. 你可以查看电梯内部提供的求救电话，或拨打 119/110 求救。

4. 你可以拍打电梯门或大声呼救。

5. 如果电梯突然下落，可以马上按下所有楼层的按钮，然后躺倒在地,把头枕在胳膊上。有扶手的话,可以紧紧抓住扶手,撑住身体,膝盖保持弯曲来减缓冲击力。

逃离踩踏事故

你以为只有荒无人烟的沙漠才危机重重吗？

你以为只有凶猛的野兽，比如老虎、狮子才可怕吗？

你以为只有毒蛇、蜘蛛才能伤人吗？

你以为只有地震、暴雨、冰窟才能置人于死地吗？

不，你错了，完全错了！

在我们的生活中，灾难——你完全没有意料到的灾难，经常会出其不意地出现，给你沉重而致命的打击。因此掌握好各种求生技巧特别重要。这是我和玉米球儿的共识！因为我们今天一起经历了一件连玉米球儿都觉得十分可怕的事：踩踏事故。

早上天气不错，温柔的风拂过脸颊，就像妈妈的抚摸。我把小玉米球儿装进口袋里（我们现在已经成了形影不离的好朋友），带上零花钱，准备到游乐场好好地 happy 一下。游乐场的人特别多。看着眼前长龙一样的队伍，我一边排队一边嘟囔着："小球儿，我猜全城的小孩子都到这儿来了！咱们可能玩不了几个项目了……"

忽然，前面不知道发生了什么事，密密麻麻的人流一下子向我所在的地方涌了过来，黑压压的一大片，一瞬间我想起了著名的"蚂蚁过河"。玉米球儿着急地催促着："快闪到一边，快，快！"

我没来得及多想，连忙使用了"瞬间转移大法"——谢天谢地，我一直是个运动爱好者，尤其爱好短跑；谢天谢地，我今天穿了最舒适合脚的运动鞋——我飞快地跑到一旁，然后死死地抱住旁边的路灯柱！

可怕的人流继续向我所处的方位冲了过来，现场变得更加慌乱，大家互相推着、喊叫着，有人倒在地上，有人从摔倒的人身上重重地踩了过去……

与此同时，喇叭里响起了喊声："大家不要慌张，请听从指挥……不要慌张，听从指挥……"保安和警察迅速把拥挤的人群紧急疏散开，并将倒地的人一一扶起、安置。救护车也"呜呜"地赶到了，将受伤的人送到了医院。

终于，一切变得有序起来，我这才松了一口气，放下了手，却突然感到一股钻心的疼，原来抱柱子抱得太紧太用力，我的胳膊都磨破了！

虽然这样的事情在电视、报纸上已经被报道过无数次了，可是想想刚刚发生的事，我还是心悸不已。天哪！如果没有玉米球儿的提醒，如果不是我反应迅速，如果我身边没有这个柱子，我很可能就被踩倒在地了……

"也许我也会被踩碎。"球儿也幽幽地说道，"太恐怖了，我们一定要提醒小朋友们！"

没错，亲爱的小朋友们，校园里学生人数众多，又经常组织集体活动，稍有不注意就可能发生踩踏事故（事实上这样的事情经常发生）。为了大家的安全，参加人数众多的集体活动时，我们一定要听从老师的指挥。

怎样预防踩踏事故?

1. 在楼梯通道内，上下楼梯都应该举止文明，人多的时候不拥挤、不起哄、不打闹、不故意怪叫制造紧张或恐慌气氛。

2. 下楼时应尽量避免到拥挤的人群中，不得已时，要尽量走在人流的边缘，尽量抓住扶手，防止摔倒。

3. 发觉拥挤的人群朝自己行走的方向来时，应立即避到一旁，不要慌乱，不要奔跑，避免摔倒。

4. 在拥挤时，一定要和大多数人的前进方向保持一致，不要试图超过别人，更不能随意逆行，否则很容易被推倒。

不慎摔倒后的自我保护姿势:

发生踩踏事故时该怎么办？

千万记住

1. 报警：拨打 110 或 120，等待求援。

2. 如果身不由己陷入拥挤的人流时，一定要先站稳，身体不要倾斜失去重心；要用一只手紧握另一手腕，双肘撑开，平放于胸前；腰微微向前弯，形成一定的空间，保证呼吸顺畅，以免拥挤时窒息晕倒。

3. 即使鞋子被踩掉或鞋带松了，也不要弯腰捡鞋子或系鞋带。

4. 有可能的话，尽快抓住坚固可靠的东西慢慢走动或停住，待人群过去后再迅速离开现场。

5. 若自己不幸被人群推倒后，要设法靠近墙角、身体蜷成球状，双手在颈后紧扣，以保护身体最脆弱的部位。

6. 当发现自己前面有人突然摔倒时，要尽量马上停下脚步同时大声呼救，告诉后面的人尽量不要继续向前挤。

 **车祸发生时**

随着交通工具的进步，发生车祸，或者说交通事故，早已成为一件稀松平常的事。从古代的马车，到中世纪的蒸汽车，再到当今各式各样、大大小小的机动车，交通工具越来越发达。因此，现在在很多国家的"国民意外死因"中，交通事故常常排在前列也就不奇怪了。今天，我又在电视里看到交通事故的新闻，真是太可怕了！这让我回想起去年的一次经历。

老实说，在之前很长一段时间里，只要一闭眼我就会想起那天发生的事情，还会做噩梦。好在我终于走出那起事故的阴影了。现在，我只想说，感谢消防员，感谢老爸，感谢玉米球儿，感谢儿童安全座椅，感谢老天爷……

那是去年 7 月份的时候。

爸爸终于休假啦。他计划自驾去看看住

在千里之外的奶奶。暑假里正闷得发慌的我，也很想念老家的山山水水，还有奶奶亲手做的美食。哇，简直想想就流口水哦。于是我郑重向爸爸提出了申请：我也去！

爸爸犹豫了一会儿还是答应了（我猜爸爸是被我的倒霉体质吓怕了，不过事实证明，他的犹豫是有道理的），但他又提出了条件：你一定要坐儿童座椅！

什么？坐儿童座椅？只是想想我就不乐意——那么长的路程我只能老老实实地坐在一个座位上，简直就是酷刑！

　　因此我开始施展撒娇大法："老爸，我都快 9 岁了，我长高了，坐座椅太难受了……我绝对不坐副驾驶……老爸我爱你……（此处省略 1 万字）"

　　平时最心软、最好讲话的爸爸这次却不为所动。他坚决地说："不行！要坐我的车，就必须坐儿童座椅！"

　　无奈之下，出发时，我只好老实地把自己"绑"在后座的儿童座椅上。不过很快，我就被车外大片大片的田地、远远近近的山野、成群结队的鸟儿和古朴

的院落吸引住了，忘记了儿童座椅这回事。

　　不知道过了多久，突然我听到爸爸"啊"地叫了一声，然后几乎一瞬间，我感到一阵强烈的头晕目眩，身上也传来剧痛——我们的车被一股强大的力量撞倒了（后来我才知道是一辆货车因为速度太快而失控，侧翻撞在我们的车上）！

　　我吓蒙了！好在很快我就听到玉米球儿的警告："别动！车子没有着火！"然后是爸爸急切又亲切的声音：

"别怕，别怕，小蛋，爸爸马上来救你！"

爸爸没事！我的心一下子不那么慌了。我知道，有爸爸在，我一定没问题。随后我听到爸爸打电话报警的声音，接着又是打碎玻璃的声音……我想看看爸爸，可是我被困在车里，什么都看不到，但是爸爸把手伸了进来，我握到了他温暖的手，渐渐不害怕了。

不知道过了多久（后来爸爸说差不多有半个小时），消防和急救人员及时赶到了（太感谢他们了），迷迷糊糊中我听到了他们的说话声和机器的声音，然后，我就彻底晕了过去……

等我醒来的时候，我已经待在医院里了。我只是肋骨轻微骨折、右肝血肿，问题不大；而我可敬可爱的老爸就惨多了，他打破了车玻璃，向外爬的时候又慌又忙，被乱七八糟的不知道什么东西刮伤了很多地方，颈椎也受伤了。

在住院半个多月后，我们顺利出院了。小伙伴们一直追问我车祸感受——好吧，我只能说，这是一件令人害怕、痛苦的事儿，就像我开头说的那样，我绝不想再经历一次了。

真希望大家都远离车祸。

如果你想尽量避免车祸，请记住——

玉米球儿提醒

1. 如果你是司机，应遵守交通规则，不要酒后、药后、疲劳和危险驾驶。更不要在驾驶的时候使用手机。

2. 如果你是乘客，请不要和司机搭话，令司机分心；一定要使用安全带。

3. 如果你是 14 岁以下的小朋友，请一定使用儿童安全座椅。

如果车祸已经发生，该怎么办？

千万记住

1. 报警，拨打 110；如果受伤，请拨打 120。

2. 汽车相撞后发生火灾的可能性很大，所以撞击一停止，所有人要尽快设法离开汽车。

3. 如果看到烟或者火花，尽快逃离汽车！尽量远离着火车辆。

4. 如果需要打破车窗逃生，尽量不要去选择挡风玻璃，因为它是全车最坚固的玻璃。可以用专业锤连续敲打前后车窗玻璃的一角，这些车窗玻璃大多是网状构造的强化玻璃，敲碎一点，整块玻璃都会碎。

5. 当乘坐的汽车与其他车辆相撞后，如果受伤了但意识清醒，可以大声呼救，不要乱动，等救援人员到来后，告诉他们身体哪些地方痛；如果意识模糊，也要尽量保持姿势，不要乱动，以免对身体造成更大损伤。

05 小心，别成了马路上的"倒霉蛋"

别以为只有我才是倒霉蛋。最近，我们班会课上要讨论一下交通安全问题，结果一下子冒出了好多个倒霉蛋。

"我，我倒过霉。"

"我也倒霉过！"

"还有我！"

怪不得都说马路是每天都要路过的地方，也可能是最危险的地方呢。

"我先说！"胖胖的男生路小小摸着胸口，心有余悸地说，"只有年满 12 周岁才可以在马路上骑共享单车，这是我们国家法律规定的，我觉得特别有道理。因为我们的个子还不够高，就像我，连脚踏板都够不大到，只好屁股离开车座，站在脚踏板上蹬车。这样东倒西歪地骑车，很容易摔倒，还很有可能刮蹭到旁边的车辆。上一次，我就这样摔倒了，胳膊和腿都擦伤了，吓了一身冷汗，血泪教训啊！从那以后，我发誓，在12周岁前再也不骑车上路了。大家也都不要啊！"

"还有，大人骑共享单车的时候，也不要把小宝宝放到前面的车筐里。我就见过这样做的大人，太危险了。"马小虎补充说。

"过马路一定要看红绿灯！如果绿灯变黄了，最好不要'抢跑'，那样很危险！有一次我就这样被自行车撞到了。幸亏是自行车，如果撞到我的是汽车，我就完蛋啦。"又一个"小倒霉蛋"开口了。

班长也忍不住插嘴了："我要提醒大家的是：过马路时，有过街天桥或过街地道的，就要走过街天桥或过街地道；有人行横道的地方，一定要走人行横道，因为人行横道是行人有'先行权'的安全地带，通过这个地带时，汽车的速度一般都会减慢。如果没有人行横道，更要特别注意避让来往的车辆，最简单的方法是：先看左边是否有车辆驶过来，没有的话才走入车行道；再看右边是否

有车辆，没有来车时就可以安全横穿道路了。"

"还有，还有！马路上的井盖也是一个危险区，千万不要在上面蹦蹦跳跳！下雨的时候，更要避开马路上的井盖，要是掉下去可就太倒霉了！我们都不知道井盖下会通向哪个可怕的地方呢。"小疙瘩缩了一下脖子，好像真的看到了一个黑洞洞的下水道，里面还藏着好多奇怪的怪物。

"我要说的是，不能在马路上追逐打闹，因为马路上车多，一旦无法及时避让，后果可就严重了！我听说有的小朋友因此受伤了，甚至死了……"

"出巷子口或绿化树丛时，不要突然跑出去，因为可能会有车子正好路过。这时候最好先停下来看看，观察一下路面状况。"

"有时红灯亮了，汽车还在离路口很远的地方，可这时也不能过马路。因为看起来车离得很远，可是一眨眼的工夫，它就会开到你的跟前。"

……

大家伙儿你一言我一语，越说越起劲。原来马路上的"危机"还真不少。玉米球儿偷偷地和我说："你们班的同学们总结得可真好啊，你可都得记住啦。"我当然一直在记呀，哼！我才不想一直当倒霉蛋呢！

还有哪些马路安全知识呢?

1. 绿灯亮时，小朋友们可以走斑马线过马路了，但也要注意两边有没有行驶车辆，特别是一些拐弯车辆和不遵守交通规则的车辆。

2. 在马路上走要靠边，不要逆行；如果几个人结伴行走，要竖排靠边走，不要横着走。走路时，不要低头边走边玩，应该时刻注意身边车辆。

3. 如果黄灯亮时你在马路中间，就要快速走到对面，不要后退，也不要在马路中间停留。

06 着火啦！着火啦！

你亲眼见过熊熊大火吗？你经历过可怕的火灾吗？

如果没有，哇，你真是太幸运了！

而我就没有那么幸运了。

那天中午，我正待在家里看书，突然外面传来一阵刺耳的警铃声，随即我听见外面传来惊恐又带着哭腔的声音，喊道："着火啦！着火啦！"

我大吃一惊，扭头一看，只见窗户外已经出现了一股股烟雾，我似乎也闻到了一阵阵可怕的烧焦味道。我赶紧大叫起来："爸爸，爸爸，快起来，着火啦！"

正睡午觉的爸爸一个鲤鱼打挺就跳了起来，向外一看，立马抓起手机："喂，119吗？我们这里着火了，地址是XXX路XXX大厦！"然后他安慰我："别担心，小蛋，他们已经接到报警了，消防人员正在赶来的路上！"

可是就这样干等着吗？我们还能怎么办？外面已经乱成了一锅粥，有呼救声、哭声，偶尔还伴着"砰、啪""哗啦、哗啦"砸玻璃的声音……

突然我听见熟悉的声音，是玉米球儿的："快！用水把身上浇湿，然后用湿毛巾紧紧捂住嘴巴和鼻子，弯腰朝消防通道跑！"

对！前几天小区不是进行过消防演习吗！怎么一紧张都忘了！我马上按玉米球儿说的，拽着爸爸，端起一盆水把我们浇湿之后，一边用湿毛巾捂住了口鼻，一边和爸爸向消防通道跑去。

这时候，楼道里已经浓烟滚滚，电力也中断了，虽然应急指示灯亮了，但浓烟中还是很黑暗，烟雾也呛得人难以呼吸。我们几乎什么都看不见，只能顺着墙壁猫着腰慢慢走。

想想真是幸运，前几天我们还进行过消防演习，所以对这里的地形很熟悉。我们跌

遇到危险怎么办

跌撞撞，总算赶到了消防通道。当我们推开消防门时，哇！就感觉这里简直像天堂一样。虽然从家到消防通道的逃生距离只有短短30米，但我和爸爸从发现情况到逃到消防通道用了整整10分钟。这几乎是我生命中最漫长的10分钟，因为我真的快被吓死了，我真怕自己变成"烤蛋"！

最后的结果还好啦，消防人员来得及时，这场火灾没有人员伤亡。后来我听说这次火灾是楼下的一个小孩子玩火烧塑料袋引起的。唉，火可不能随便玩啊！

经过这件事，我认为，要想保护自己，应该多参加各种演习训练。于是我邀请玉米球儿作为主策划，和小区的小朋友们一起举办了一个消防知识竞赛。

我们的目标是：不仅知道如何预防火灾，还要了解简单的自救知识和灭火知识——竞赛很成功，我们都把了解到的知识牢牢记住了。

Tuesday / ☁☁

怎样预防火灾?

玉米球儿提醒

1. 不要玩火!

2. 了解自己家里的家具布局，门口、窗户旁不要乱堆乱放东西。

3. 把易燃物品和危险器具放到专用的储藏室内锁起来。

4. 不要同时使用过多的电器。不要把电线混乱地缠在一起。

5. 摸上去热得不正常甚至烫手的插座或开关，可能预示着潜在的危险。要马上拔掉插座，请专业电工来检查线路。

6. 注意! 组织家庭成员进行简单的消防训练。这样万一发生火灾，每个人都知道该做什么、该去哪儿。

7. 厨房是家里相对容易发生火灾的地方，以下这些问题你注意到了吗?

• 厨房用纸是否离炉灶太近?

• 煤气炉灶是不是放置在敞开的窗边? （风可能引起火灾）

• 壶和煎锅的把手是不是注意朝内摆放? （只有把手朝内，才不会不小心打翻它们。）

虽然我们努力地防火，火灾仍可能会在瞬间发生。火灾一旦发生，你知道该如何应对吗？

千万记住

1. 报警

发现火灾，应该马上通知大人，或拨打火警119（即使手机欠费也能拨打119）。

2. 火灾初发时的应急措施

（1）灭火——切记，小朋友不要独立灭火！

（2）灭火讲时效！在刚发现火苗时，如果火势不大，可利用身边的灭火工具补救。

可以就近用灭火器或取水扑灭火，但用水灭火时一定要先断电。如果身边无法迅速取得灭火器具，可利用棉被、窗帘等沾湿来扑灭。

（3）如果是木头类、纸类等着火，可以用水或灭火器灭火，也可以用外套或厚羊毛毯扑在火上阻隔空气。

（4）如果有人衣服着火，要赶快躺倒打滚，或设法脱掉衣服，或用水、厚毯扑灭它。

（5）如果油锅起火，不要试图用水对付，应该迅速盖上锅盖隔绝空气，或将切好的菜倒进锅内灭火。

（6）如果电器起火，先切断电源，再用湿棉被或湿衣物将火压灭。

（7）即使只是一个煎锅或废纸篓内着火，也要尽量在 30 秒的时间内扑灭，不然小型火灾可能会以惊人的速度扩大！

（8）救火时不要轻易开窗户，以免风将火势扩大。

3. 逃生

（1）如果你认为火势已经难以控制，首先要保持镇静，然后呼救，并通知周围的人紧急逃生。

（2）为了防止浓烟呛入体内，可以用湿毛巾捂住鼻子和嘴，并迅速撤到消防通道。

（3）浓烟多的时候——也就是当你站着、蹲着都吸不到新鲜空气的时候，可以匍匐前进，并顺着墙壁边缘逃生（因为消防员会沿着墙壁寻找受困者）。

（4）发生火灾时，要朝与火势相反的方向逃生。任何情况下都不要重新进入已经起火的房子，不要在逃离后返回，不要贪恋财物，千万不要钻进厨房、阁楼、卫生间或电梯躲藏。

（5）被烟火围困暂时无法逃离的话，应该立刻退回室内，或尽量待在比较容易被人发现和能避免烟火近身的地方，及时发出有效的求救信号，引起他人注意。

07 烤炉架旁意外多

今天我讲的故事你一定得牢牢记住，不然会和我犯同样的错误哦！

上个周末，风和日丽，万里无云，是个适合户外烧烤的好日子。爸爸、妈妈和我，还有我的好朋友小疙瘩一家——一行 6 个人浩浩荡荡地出发去烧烤啦。我们带了各种各样的肉串、鸡翅还有蔬菜，准备大吃一顿。

一路上，大家欢声笑语，很快就到了目的地：一家有餐饮经营执照的农家小院。这家还是我老爸亲自挑选的呢！他说不是随便找个地方就可以烧烤的，像森林、公园、山区等，很多地方到处都是枯枝、树皮、残叶、杂草之类的易燃物，稍有不慎就可能引发重大火灾事故。再说了，他儿子——也就是我——很可能是自带倒霉体质，所以最好找个有资质的、安全的烧烤地点。

遇到危险怎么办

这个提议得到了大家的一致赞同。老爸找到的这个地方相当不错，不光露天烧烤场所宽敞，还提供专业设备。附近有一条弯弯曲曲的小溪，有小鱼、小虾、小青蛙，还有红色的大蜻蜓飞来飞去；溪对岸则绿树葱茏，小草如茵，盛开着星星点点的小野花。

　　"烧烤喽！"我一声欢呼，老爸他们七手八脚地搬出一袋袋食物和工具，叔叔则拿出了一大袋木炭。

　　"叔叔，怎么不用液体酒精啊？我看到有人用的，比木炭轻，而且还好拿。"我好奇地问。

　　"这你就不知道了吧。"叔叔耐心地解释道，"咱们用木炭做燃料，烤出来的肉更香，更安全。有人图省事用酒精、汽油，那些都是易挥发的液体，遇到明火很容易发生爆燃。想想看，要是火苗突然变大，那靠近炉子的咱们会怎么样？"

　　我吐了吐舌头，跑去帮忙整理了一会儿蔬菜。很快我和小疙瘩觉得无聊，开始打打闹闹起来。

　　"去，去，你们到一边儿玩去！"爸爸和叔叔一边忙着搭烧烤炉，一边说，"这里危险。"

　　"有什么危险的？你们大人都在这儿呢！"我心里说，但还是听话地和小疙瘩跑到了小溪边，开心地用网兜捞起了小鱼。

没过多久，一股股诱人的肉香袭来，混合着孜然的味道。"一定是羊肉串烤好了，有我爸的独家配料，我一闻就知道。"小疙瘩的口水都要出来了。

"那还不快去！"我扛着网兜一溜烟地往回跑。

哈哈，果然烤好了！我和小疙瘩大口大口地吃起了烤肉，唔，真香啊！

爸爸他们一边忙着烤，一边提醒我们："小家伙们，小心铁钎子，热着呢！"

"我们又不是小孩子了，知道啦，知道啦——"我和小疙瘩不服气地异口同声道。

吃着吃着，小疙瘩突然举起铁钎子，对我大喝一声："看我金箍棒！"

我立刻用一串烤肉招架："我有乾坤圈！"

就这样，我们又兴奋地打闹了起来，爸爸他们开心地边吃边聊，没注意到我们，只有玉米球儿一再提醒我："不能在炉边打闹，放下你的'武器'！"可是我玩得实在太 high 了，根本不理睬它的提醒。

真是乐极生悲啊！我不小心一脚踢到了烧烤炉上，"轰隆"一声，烧烤炉倒了，滚烫的炭火飞了起来。

"哇，好痛啊！"

"哎哟，我的脸！"

顿时两声惊呼一同响起——我倒在地上抱住脚大哭，爸爸也捂住了脸。

妈妈慌慌张张地叫了起来："哎呀，李小蛋的手被木炭烫着了，怎么办啊！"

农家小院的店主听到声音，急忙跑了出来："快，快，拿冷水来！"

我的手被放到了冷水里，都起泡了，一阵阵火辣辣地疼。再看看爸爸的脸，也被烫红了。"都是我不好！"我哭得更厉害了。

"还好，还好。"店主检查了我们的烫伤，"抹点烫伤膏，赶快再去医院看看吧。"

于是，叔叔他们放弃了烧烤，把我们送到了医院。幸运的是，我们的烫伤不是很严重，大约一周就会好转。但我在医院里看见了同样因烧烤而烫伤的病人，有的人全身都烫伤了，真惨！

烧烤很开心，但不能得意忘形啊！

玉米球儿提醒

1. 在烧烤生火的时候，千万不要随意使用易燃、易爆或不合格的助燃品，比如汽油或酒精。

2. 小朋友不能在烧烤区打闹，不要拿着铁钎子玩，因为它很容易伤到自己或别人（戳到眼睛可不是闹着玩的）。也不要靠近烤炉，因为烤炉温度很高，一旦碰触就会被烫伤！

3. 除了烫伤、烧伤隐患，因为烧烤的食材不干净或没熟透，吃出问题的人也不少……所以烧烤一定要谨慎哦！

烧烤时被烫伤怎么办？

千万记住

1. 在烫伤后立刻采取措施，最佳治疗方法是局部降温，用凉水冲洗。冲洗时间要以刺痛感减轻为准。如果附近没有水源，可以用冰块、冰棍甚至冷冻肉等冷敷。

2. 如果不慎吞食了热烫的食物，造成消化道烫伤，可以赶快含服凉水或凉的东西；还可以喝一些牛奶，因为牛奶中的乳蛋白可以减少食物对消化道的刺激，形成保护膜，缓解疼痛。

3. 不能在伤口处抹牙膏、酱油之类"传说"可以治疗的东西。这些不仅不起作用，还会影响医生对伤情的判断，增加治疗困难。

4. 烫烧伤比较严重或面积较大时，在自己紧急处理以后，一定要及时到专业医院进行正规治疗！

"旱鸭子"掉水里啦

有个小秘密埋在我心底已经很久很久了，现在告诉你，千万不要笑哦！呃，我，我其实是只"旱鸭子"！虽然老爸一直希望我去学游泳，可我就是不想去。

"为什么要学游泳啊？我是地地道道的陆地动物哦！"我这样理直气壮地说。

不过，事实很快教训了我。

是这样的：五一小长假，我跟着爸爸去湖边玩，不久就被水面上一辆辆飞驰而过的水上摩托艇吸引了。

"老爸，我也要玩！"我激动地大喊道。

"行，我带着你转一圈，穿着救生衣应该挺安全的。"爸爸也心动了。

"哇！"我兴奋地大喊一声，拉着老爸冲到管理处。教练一边指导我们穿上救生衣，一边问："需要我帮忙吗？"

"不，我会！"老爸豪气冲天地说，"来，上车，儿子！"

"好嘞！"只听"嗖"的一声，老爸已经驾驶着

摩托艇驰离水岸，飞向了湖心。我们的背后和两侧翻起了巨大的浪花，太刺激、太好玩啦！

"小心！"我突然听到玉米球儿急促的警告！然而，还来不及做任何反应，我就在一个转弯的地方，和老爸一起连人带艇被浪花掀翻，直接摔了出去。

湖水不停地朝我拍了过来，我感到身体一直向下沉，鼻子、嘴巴呛了很多水，耳朵也嗡嗡直响。"为什么穿着救生衣还往下沉呢？"我一边拼命扑腾，一边在心里嘀咕。

"别扑腾啦！"玉米球儿再次发出严厉警告。我立即想起来：没错，就算不穿救生衣，只要不胡乱挣扎，以人体的密度也能浮在水面上。于是我马上放松身体，

TIPS
救生衣的正确穿戴三步法
．．

1. 像穿背心一样穿上救生衣（有反光条的一面冲外）。

2. 将救生衣下面两根最长的缚带分别穿过左右两边的扣带环，绕到背后交叉，再将缚带绕回身前，打死结系紧。

3. 将脖颈部的搭扣扣好，缚带打死结系紧。

试图漂起来。

　　"儿子，儿子！你在哪儿？快把头伸出来！"这时候我似乎又听见了老爸焦急的喊声。我努力把头探出水面，终于呼吸到了空气。我一边咳嗽，一边努力地大口呼吸。哇，原来呼吸空气的感觉这么美好！

　　此时，老爸正从离我四五米的地方，拼命地朝这边游过来。看见我脑袋露出水面，他明显松了一口气，又指挥我仰着躺在水面上。然而不知道为什么，我的身体不听使唤，不停地被水浪拍翻。

　　好在救援船很快就开了过来，救援人员抓住了我，我也死死地抓住救援人员。由于我太紧张，身体僵硬，他们费了很大的力气才把我拉上船。

2.

3.

　　我躺在船上，整个人都蒙了。只记得旁边有很多人不停地说话，然后有人不停地摆弄我……我开始咳嗽，嘴巴、鼻子不停地涌出水来，胃也觉得难受极了！但是我还是从心底高兴起来，因为我——倒霉蛋安然无恙啦！

　　不过，事后想想还真后怕，我——这么一个可爱、善良、聪明、帅气、优秀得不得了的家伙，要是在人工湖上"挂"了，实在太没面子啦！而且活着是一件多么美好的事啊！

　　所以我决定把这件事儿记录下来，告诉和我一样没下过水的"旱鸭子"们。另外，悄悄告诉你，回家之后没多久，我就乖乖地报名学游泳去啦。

Thursday / ☀

穿着救生衣落水就绝对安全吗？No！

玉米球儿提醒

　　如果我们多了解一些知识，懂得怎么样用最短的时间摆脱恐惧和痛苦，快速自救，那就会大大增加我们活下来的可能。因此，所有玩水上项目的人请注意啦！

　　1. 一定要穿救生衣，且一定要系紧！

　　2. 如果不幸落水，首先必须保持冷静。

　　如果水面平静，一般来说，穿着救生衣的人都会浮在水面上。这时只需要尽力使头露出水面保证呼吸，用手掌向下拍击水面，可以让你尽快出水。

　　如果浪很大，最好用腿和脚的力量向下蹬，使自己不至于一直往下沉，还要尽量睁开眼睛，了解周围情况，迅速做出判断。出水之后，身体尽量不乱动、不挣扎，头向后仰，嘴和鼻孔向上，安安静静地漂浮在水面上。放心吧，只要不是在野外，很快会有人来救你的！

　　3. 如果身边的人落水，你又不会游泳怎么办？

　　千万千万不要贸然下水救人！落水的人一定会像抓住救命稻草一样死死拽住你，说不定两个人都会丧命。此时应该保持冷静，迅速向其他人求救，同时观察落水者的情况，快速分析形势，告诉落水者他应该如何做。

　　4. 最后，学习游泳是一件很棒的事哦！

09

野泳，只是看起来很美

上次，我这个旱鸭子不小心掉进水里，过程别提多惊险多难忘了！"同样的事情绝不能再次发生！"我暗暗发誓。

你一定猜到了，老爸帮我找了一个很棒的教练，经过这两个月的勤学苦练，我终于能在水里自由来去了，连教练都说我有潜力。

为此我还编了一首小曲，得意得不行："哈哈，从此以后我再也不怕水！见水咱就游，我是游泳小达人！小达人！啦啦啦！"

"儿子，有句老话叫'水火无情'，你可别太得意忘形了，千万不能大意！"每次听到我高歌，老爸总是情不自禁地嘱咐我。

"放心啦，老爸！"我随口答道，"我现在可是游泳小达人啦！"

你也知道，作为游泳小达人的我还是位户外活动爱好者。每到夏天，我尤其爱到野外去寻找宝藏——那些高高低低的树、飞来飞去的昆虫、鸟儿以及大大小小的花，总能给我很多快乐。

这个周末，我再次带着网兜、小桶等装备，顶着热辣辣的太阳出发了。这次我的目的地是一个小池塘。那里人少，动植物生活得分外快活，因此我的收获也不少，甚至抓到了几只活蹦乱跳的龙虱。

"哇，真是太热了！"喝光了带来的水，我躺在树下，看着一动也不动的树梢，心想："要不我下水游一小会儿？"看着碧波荡漾的水，我脑海里好像有个小人开口了。

玉米球儿也马上说话了："老爸和老师都说过，不能游野泳！"

"水很清，看起来就很凉爽。"

"不行，危险！水底有水草！"

"就游一小会儿，我可是游泳小达人哦！"最终我脑海里的小人赢了，玉米球儿暂时失败了。

于是我熟练地下到水里。哇，水好凉好

舒服啊！我舒展着身体，快活地游了起来，可没过多久，突然我觉得脚好像被缠住了！我挣扎了几下，脚却被缠得更加紧了。

"啊，水鬼！"我的冷汗一下子冒出来了。

"不是水鬼，是水草！"玉米球儿又出声了，"别慌，镇静！不要踩水，也不要乱动！"

"对对，我听你的，玉米球儿！"我努力地让自己镇静下来。

"首先得弄掉水草。试试把水草踢开，或者像脱袜子一样把水草从脚上慢慢捋下来。"玉米球儿指挥我道。

"好，好！"我深深吸了一口气，轻轻地踢了踢脚，不行！我又用手试着去捋水草，还是不行。怎么办呢？我开动脑筋：这里很少有人路过，水很凉，万一手脚抽筋了就麻烦了。可怎么弄开水草呢……哎，对了！

我突然想到，我还带了一把锋利的小刀。

我摸到它了！它就静静地藏在我的裤兜里。我掏出小刀，深吸一口气，"唰唰"地割起了水草。渐渐地，我觉得脚上的束缚越来越松，最后彻底消失了。我一阵狂喜，哈哈，搞定了！

　　"别游那么快，小心水草！"玉米球儿又发出了警告。

"是，是。"这回我特别老实，特别听话，因为我发现自己差点忘记了：水里肯定不止有缠住我的这些水草。

"轻轻踢腿游，尽快离开这片区域上岸。"玉米球儿再次发出指令。

"嗯嗯。"按着玉米球儿的指令，我慢慢地、小心翼翼地游着，还好在游回岸边的路上没有再遇到水草。

我终于成功爬到岸上，一下子趴在草地上，感到一阵阵后怕。这次绝对是我自作自受啊！

经过这次遭遇，我可记住了：绝对不能擅自到江河湖塘或者水库里游泳！因为你永远不知道水底会有什么——是缠人的水草？陷人的淤泥？还是二者都有。它们都会杀人于无形。据说，每年都有不少人死于游野泳！

Saturday / ☀

关于游泳的注意事项：

玉米球儿提醒

1. 小孩子要在有救护员、成人监护的游泳池里游泳。

2. 下水之前最好做一些热身运动，比如慢跑 15 分钟到半个小时，等你的肌肉变得有弹性后再下水。

3. 刚刚做完剧烈运动后不要立即跳入水中，容易引起抽筋和感冒；吃得太饱或者空腹时也不要去游泳，会造成腹胀、胸闷。

4. 小朋友在游泳时不要互相打闹、不要逞强、不玩新花样，最好不要潜水。

如果在水里遇到危险怎么办?

千万记住

1. 首先要镇静，然后大声呼救。

2. 在水里不要用力挣扎，因为水本身有一定浮力，只有保持体力才能争取脱险的时间。

3. 最重要的是：如果发现有人溺水，千万不要贸然下水救人！应大声呼救或找其他大人帮忙。

10 登山迷路记

春天似乎一下子就来了。

草绿了，花笑了，小溪的水清了，到处能听见"叽叽""啾啾""啁啁"的鸟儿大合唱……不少人都去春游了，我也不甘落后地制订了一个令人激动的计划——周末爬山去！

"爬山？和你？"爸爸看着我，有点不太乐意，"你这个自带倒霉体质的家伙？"

"爸爸，那些只是意外、意外！"我有点不高兴又有点心虚地强调道，"你说过的，人的一辈子这么长，谁还能不遇到点倒霉事呢？"

"似乎有点道理。"爸爸有点犹豫。

"还有，亲爱的老爸，难道你不想和你最爱的儿子一起去欣赏美好的春光？"我又打出了一张"亲情牌"。

"这倒也是……"爸爸似乎更犹豫了。

"再说了，老爸，我们这次去的只是一座普通的山，而且每天都有很多人去爬的，很安全！"我打出了最后一张"安全牌"。

这下子，老爸也动心了："行！儿子愿意爬山，咱就去！"

于是，在这个美好的周末，我和老爸找出了登山杖，换上了登山鞋，带上野餐垫、水壶和一些食物，出发啦！当然，临走前，我还悄悄地把玉米球儿装进了口袋，万一出了什么意外呢。

还别说，这次旅途上一路顺利，甚至连红灯都没遇到一个。老爸甚至有点抱歉地说："儿子，其实你也没那么招倒霉，是不是？"

"那当然，老爸！"我得意极了。

不久我们来到了山脚下，我深深吸了一口气，真舒服啊！周围满眼都是黄灿灿的迎春花、粉嘟嘟的桃花、红艳艳的山樱花……一切都美好得不像话。

我们二话不说，爬山啦！

刚开始时，我们沿着石阶小路慢悠悠地往上走，但很快我就有点不耐烦了："到处都是人，和逛普通的公园有什么区别呢？老爸，我们顺着那边的林荫小道向上爬吧？"说着，我就掉头向路边走去。

老爸喊不住我，只好跟着我一起走了。

果然，林荫小道的人少多了，爬起来更清净。我看到了两只可爱的小松鼠一前一后在树梢上飞快地爬，转眼就不见了；又有几只可爱的小鸟落在地上，啄来啄去；更有山崖边突然冒出的一丛红花，开得好鲜艳……

就这样，我和老爸一边惬意地爬山，一边愉快地欣赏风景。突然爸爸叫了起来："儿子，我们这是爬到哪儿啦？我怎么好久都没看到人啦？"

听老爸这么一说，我赶紧四处张望。是啊，附近真的一个人都没有啊。"快去找大路！"老爸立刻下了命令，我们两个一边走一边看——这次看的不是风景而是路了。可是整整半个小时过去了，还是没看到那条石阶路。

我越走越心慌，不禁暗暗责怪自己：都是自己任性，不仅害了自己，还害了老爸。突然我不小心踩上一块碎石，身体立刻失去了平衡，直接向斜坡下滚了下去！说时迟那时快，我听到老爸大喊了一声："儿子！"马上又听到玉米球儿的声音："快把双手双脚摊开！"

我马上照做，嘿，滚下的速度顿时减缓

了很多,大约只滚了10多米,我就停下来了。我爬起来,发现只是手掌有些轻微的擦伤。这时候爸爸也满头大汗地赶了过来,心有余悸地给我上了点药。

"儿子,这样不行,我们不能乱走,我看还是打110吧。"

要说这次,我们的运气还不错,这里还有手机信号。爸爸打完报警电话后,又脱下了白色的衬衫绑在了附近一棵大树上:"这样,警察就容易找到我们了。"

然后,他马上开启了批评与自我批评模式:"儿子,这次不是因为你自带倒霉体质,而是你太任性了!我也有责任,太纵容你了!我们这样做,给警察增加了多少麻烦!"我也没什么好说的,这次的确是我的错。

再后来,警察找到了我们,成功地把我们带到了山下。我得到了很多经验教训,决定记下来和大家一起分享。

Sunday /

爬山注意事项：

玉米球儿提醒

　　1. 千万千万不要独自进入深山。山里有什么，你永远不知道！

　　2. 如果去爬山，不要去没有路的地方探险。

　　3. 爬山时如果不小心摔倒，可以把双手双脚打开，尽量滚向树叶及草堆，受伤会比较轻。

登山时迷路怎么办?

千万记住

1. 立即停止前进，确认能不能进行自救脱险。

2. 你可以选择原路返回出发点（每走 8～10 千米，就做一个记号，以便走错后再返回原地）；也可以向高地或山脊上运动，因为高地上视野比较开阔，容易判定方位；另外，高处一般会有通信信号（高处的通信信号相对比较好），在后续的救援中也容易被他人发现。

你还可以沿着有水的河谷往下游行走，因为人们一般选择在有水源的附近居住。但在河谷中攀爬石头时，要注意是否有发生洪水的危险。

3. 学会辨别方向：晴天的白天和夜晚可利用太阳和北斗星。

4. 仔细倾听丛林中的声音，如果听到有人在山中活动，则大声呼救。

5. 若不能开展自救，要尽快报警。报警时要尽可能报出自己所处的大致方位和特殊地形、地貌等。

"黑寡妇"引发的事故

今天我想给你讲的，是老爷爷的故事。

还记得吗？我曾经在《居然被困在电梯里》中提到了一位富有传奇色彩的老爷爷。这位老爷爷有多牛？说出来吓你一跳——全世界七大洲四大洋他都见识过，简直是"曾上蓝天，曾入深海"！所以他的故事也特别多。

下面就是他年轻时的一次亲身经历：

　　"那时候我还只是一个毛头小伙子。胆大，爱吹牛，又喜欢冒险。有一天我和朋友打赌，要独自一个人去后山的野林子里住一夜。我们那个野林子几乎没什么人去，据说常常闹鬼。其实并没有鬼，野生动植物倒不少。

　　还记得那天，天色刚刚暗下来，我就上山了。因为人迹罕至，山上到处是各种树木以及半人高的杂草，耳边是各种动物的叫声，有的阴沉沉的，有的听着像哭泣声，还有的稀奇古怪——你知道，有时候人会因为害怕出现幻听。那时候我好胜得很，虽然有点怕，但绝不愿意打退堂鼓，于是我打开了随身携带的强力手电筒。"

　　"您为什么不点燃火把呢？"我问。

　　"哈哈，经常有人说动物怕火，这其实是个误解。首先，野生动物不可能没有见识过火。森林中经常会出现雷击或过分干旱引发的自然火，相信有不少野生动物都见过。事实上，真正让它们害怕的是毁灭家园的森林大火。其次，动物不一定都怕火，尤其是小火。你想想看，有些动物比如狼、马、狗，在驯兽师的训练下是不是还敢跳火圈呢？另外，有些动物比如某些鸟类，还喜欢火呢，准确地说，它们是喜欢被火驱赶出来的虫子。还有一些野兽，像熊、土狼之类，会在大火熄灭后返回森林，举行宴会吃'烤肉'！

所以说，我要是举着一个小小的火把，根本吓不住它们。遇到危险时，效果远不如突然用手电筒照射夜行动物的脸——注意了，是直射它们的眼睛。对于动物来说，这种突如其来的刺激是个打击。此外，由于眼睛不能一下子适应明亮的光线，它们通常会有一小段时间根本反应不过来，甚至有一些动物还可能直接被吓跑了。

不过不管怎么样，也许是我那天特别幸运，也许是山上根本没什么可怕的动物，总之那一夜并没有动物攻击我。倒是因为杂草丛生，很难找一个睡觉的地方。最后我决定以树当床，便选了一棵树杈相对平坦的大树，手脚并用地爬了上去，一觉睡到了天亮。"

　　"哇，老爷爷，您好勇敢！好幸运！这次打赌您一定赢了吧？"

　　"赢是赢了，可是故事还没说完呢，接下来发生的事才吓人呢！"

　　"可是天都亮了。"我心里嘀咕着，"还能有什么可怕的事？"

　　老爷爷喝了口水，继续讲了下去："就在我心情愉快、准备翻身下树时，差点吓死了！原来在我不远处有只'黑寡妇'——间斑寇蛛正朝我爬了过来！"

　　"一只蜘蛛？！"

　　大约看到我的表情有点不以为然，老爷

爷便详细解释了起来："这种蜘蛛毒性很强。我是当地人，知道它的可怕。几乎没什么东西能让'黑寡妇'害怕，它似乎也知道自己有毒，所以有恃无恐。好在它一般只对猎物，比如蝎子、青蛙、小蜥蜴、蛇有兴趣。这次很可能是我不小心入侵了它的地盘，触到了蛛网，它才前来'视察'。"

"啊！那您是怎么对付它的呢？"我紧张地追问道。

"我一直清楚地记得，当时我全身都僵住了，大脑却在飞速地思考着。我想我不能试图把它赶走或打死，那是最容易被它咬的时候；可我也不能眼睁睁地看着它往我身上爬。突然，我看到了我随身带的大水杯！这个水杯开口很大，我以迅雷不及掩耳之势拿出它——幸好昨夜我忘了拧上盖子——一下子罩住了这只间斑寇蛛！哈哈，我竟然逮住了它！"

"您打死它了吗？"我好奇极了。

　　"哈哈，它又没咬我，我何必伤害它？最后放生了。"老爷爷笑起来，我也笑了，这真是个 happy ending ！

　　不过，最后老爷爷还是告诫我："很多人都害怕蜘蛛，尤其是毒蜘蛛，这情有可原。对付它们，关键是保持镇定、随机应变，控制自己的恐惧。当然，最好的办法是不要接触它，也不要像我这样随便在野外过夜——特别是小朋友。"

户外野营时该注意什么?

老爷爷的提醒

我们郊游或野营活动的地方都远离城市，一般比较偏远，物质条件差，所以要注意以下几点：

1. 事先预习活动路线和地点，熟悉活动内容。

2. 准备好充足的食物、水和常见药物；准备好手电筒和备用电池；山区早晚天气较凉，也要准备好保暖衣物，以防生病。

3. 进入陌生的地区要多人结伴，聘请有经验的向导，带好必要的防身工具，穿戴有防护作用的衣物。活动中不要脱离集体，最重要的是配备跟外界联络的设备，遇险时可以及时求救。

4. 晚上要好好休息，以保证有足够的精力参加活动。

12 蛇吻定"情"

　　那位经历丰富到令人咋舌的老爷爷给我讲了他年轻时独自到深山老林里过夜的故事后，没过几天，我和玉米球儿又迫不及待地拜访了他。

　　因为上次临走时，老爷爷告诉我他曾经在哥斯达黎加雨林里小住过一段时间，还在雨林里盖了一间小房子，别提多拉风多神秘啦！于是，今天我又听到了一个精彩的故事。

　　坐在老爷爷家舒服的沙发上，喝着甜甜的果汁，我忍不住提问了："爷爷，您上次说起过在哥斯达黎加雨林里曾经有一间小房子……"

　　"哈哈！"老爷爷得意地笑起来，满脸的皱纹像花儿一样绽放，"是啊，就在哥斯达黎加雨林，那个藏着无穷秘密和惊喜的地方！"

　　"哦？爷爷，能说说吗？也许有机会我也会到那里去。"

　　"当然，谁也说不准将来自己会去哪儿。如果你要去哥斯达黎加雨林，请务必准备一把大弯刀。不要紧张，这和当地的治安或犯罪率无关，每一个到雨林的人都会随身带上一把刀。没有它，人们寸步难行，因为那里没有路——即使你刚刚用大弯刀砍出了一条路，仅仅两周后这条路又会被新的植物占领，变得盘根错节……热带雨林植物的生命力就是如此强悍。"

　　"如果我只待几天，是不是就不用带大弯刀了？"我问。

"当然不行。因为你不知道什么时候会突然下一场大雨，掀翻了某棵老树，挡在了路中央。别指望天气预报，热带雨林的脾气没人能懂。

接下来，你至少还得准备一双厚靴子、一条长裤子和一件长袖衣服，因为热带雨林里有各种各样稀奇古怪的小虫子和蛇，不管有没有毒，被咬上一口可不是好玩的。有一次我就被一条毒蛇'亲'了一口，差点要了我的命！"

"啊，那到底是怎么回事？"我紧张地问道。

大约看出了我急切的心情，老爷爷卖起了关子，开始讲起他的房子。这间房子的确很好玩。据老爷爷说，那间房子很简陋，只有一个帐篷大小，但可以满足他的全部生活需要。房子的所有设计都是为了适应雨林的环境，比如地板稍微垫高，可以避免很多昆虫的骚扰；紧贴着房子四周挖了一条小沟，以便把虫子和啮齿动物们拒之门外；最重要的水源就在屋子周围，稍微处理一下就可以使用了；另外，有阳光可以照进来的地方，还可以烧水、发电。在那儿，太阳能板可是个好东西（没错，几十年前老爷爷都用上太阳能啦！）。

还好，介绍完了房子，老爷爷终于说起了那次和毒蛇的"亲吻"。

原来，与其说人怕蛇，不如说蛇怕人。不管在哪里，大部分的蛇都会尽量避免和人碰面。如果你坚持走人们最常走的小路，说不定一个月也见不到一条蛇，正所谓"人有人路，蛇有蛇路"。

然而有些毒蛇可不需要避开人，它们常常有恃无恐地挂在树上，或者在树丛之中游窜。如果你伸手伸脚的时候没有注意到，或者一个趔趄伸手乱抓时误抓住了它，结果会非常惨。

那天黄昏，老爷爷（哦，那时候他还是一个年轻小伙子呢）正在房子周围溜达，欣赏着美景。这时他看见了一只巨嘴鸟，就想走近一点去看。他只顾着抬头看鸟，忽然脚踝处传来一阵剧烈的疼痛。低头一看，居然是一条大约 40 厘米长的金色蝰蛇，正盘成一团，对他猛吐信子，好像在说："你打扰了我，我就咬你！"他心里一紧，多年的经验告诉他：遇到毒蛇了！

他慢慢离开毒蛇，坐到了比较高的地方，垂下腿，撕开伤口附近的衣服，放低伤口，并立即按下了随身带的求救器，没过多久，他就失去了知觉……

后来，老爷子被附近的朋友及时送到医院，抢回了一条命。当然，在那之后他也休息了好一阵子。

老爷爷说这不是他唯一一次和蛇打交道，他在很多地方都遇到过蛇，既有毒蛇，也有无毒蛇。老爷爷告诉我，幼蛇和大蛇一样危险！另外，人烟稠密的地方也并不是"无蛇区"，相反，有些种类的蛇适应能力极强，它们不仅在雨林中出现，还在农田和村庄里寻找生存机会。在我国，也有很多地方盛产毒蛇。因此，去一个陌生的地方旅游，特别是去野外旅游的话，一定要做好调查和准备工作。

Tuesday / 🌧

远离蛇的威胁！

老爷爷的提醒

    1. 当你在野外露营时，记住要关闭帐篷布帘，否则蛇可能不请自来。

    2. 如果你徒步旅行，要穿上合适的鞋和长衣长裤，沿着已有的道路走，当心脚下，并留意坐的地方。

3. 带上手机或其他通信工具，以方便求救。

4. 如果被蛇咬了，不要用止血带；也不要尝试切开伤口或者去吸伤口上的毒液。你可以放低伤口（使它不高于心脏位置），最重要的是马上拨打 120，并保持冷静！

5. 还有，试着记住蛇的特征（比如颜色和花纹），在就医的时候，向医护人员描述清楚这种毒蛇，他们才能选择合适的抗蛇毒素给你治疗。

抛锚在沙漠里

"黄沙，又是黄沙！

我已经记不清在沙漠中走了几天，只知道睁眼是一望无际的黄沙，在睡梦中也是黄沙。喉咙干得像裂开一样，我有水，可是它比什么都宝贵，我不能狂欢痛饮。我想再次问问向导，可是不能多说话——人的精力是有限的，不可浪费。我必须坚持下去，除非我想死在沙漠里……"

这段仿佛探险小说的经历可不是我的，它来自老爷爷的日记。

自从和老爷爷聊过几次天之后，我对老爷爷真是敬佩有加，对他的冒险生涯也向往不已。我期望我的人生也能有他那样的经历，可以去那么多地方感受自然的力量和神奇。

今天，我和玉米球儿又去听老爷爷讲他冒险的故事了。

"我的一个老朋友要组织一支小型探险队——要组织三四个人，自费到塔克拉玛干沙漠去考察生态。

塔克拉玛干沙漠在维吾尔语的意思里是'进去就出不来的地方'，人们通常称它为'死亡之海'。我们只计划穿行其中的一部分。唉，那时候我们还是年轻啊，其实去沙漠最好是跟着车队，如果车遇到突发状况，还可以互相照应一下。

还是说回塔克拉玛干沙漠吧，它也用它独特的方式欢迎我：我看到了漫天的黄沙，也感受到了极度饥渴。

第一天，我十分兴奋；第二天，举目四望依然还是沙丘，我的兴奋感已经消失了大半。走在软软的沙子上面——尤其爬坡时，走一步退半步，很是艰难，好在我们有车！

第三天，我终于见到了传说中的胡杨树。它们和柽柳混生在一起，看上去苍老又充满毅力。走近一点，我还能看到胡杨泪——胡杨树能从土壤中吸收盐碱，然后通过枝干排出体外，形成黏稠的液体，当地人称之为'胡杨泪'。常常有人用胡杨泪风干之后的'胡杨碱'来蒸面食，吃起来挺不错。

第四天，如果加紧速度，也许我们可以到附近的居民区补充给养。正当我们奋力赶路的时候，突然听见一声怪响，我们的车冒出了一阵白烟——它竟然抛锚了！我们大家的脑袋也'冒烟'了，这可怎么办？

'先打救援电话！'这是我们的第一想法。可是接下来怎么办？只能等着，反正不能弃车，因为车的体积大，跟车在一起被发现的几率远远大于独自一人在沙漠里行走。

等待总是辛苦的，沙漠里太过灼热。好在向导十分有经验，他先在沙漠上画出大大的'SOS'求救标志（低飞的飞机会识别这个求救信号），交代我们说：'要是SOS被风吹得看不清了，就再写一遍！'又率领我们随机应变地以汽车牌照等作为工具挖沙子，期望能找到水，可惜最后我们失败了。

没有水，有沙坑也行，因为沙子下面的温度总比上面低一些。我们立即躲进坑里，老友数了数，还有5瓶水，一定要节省着喝。万一搜救队不能及时找到我们，那可就糟透了！

等着被救命的感觉真不好受，即使我们有过不止一次的野外求生经验，也依然十分难熬。

　　10分钟、半小时、1小时、3小时过去了！搜救队还没有找到我们！虽然躲在沙坑里，虽然还可以有口水润嗓子，可还是热得很焦虑。我看看老友，他并不比我好多少，衣服都粘在了身上。平时很有耐心的他似乎忍受不住了，做出了脱衣服的动作，向导眼疾手快地抓住了他的手，坚决地摇了摇头。是啊！不管多热，都不能脱衣服使自己直接暴露在太阳下，这会晒伤人的，再说汗湿的衣服还能帮人保持身体凉爽。

　　唉，还是等吧！这是没有办法的办法了，我又一次半闭上了眼睛。

　　至于最后，当然是搜救队找到了我们，把我们救出来了！虽然很少人会选择去沙漠冒险，不过通过这次经历，我还是得到了一些经验教训要告诉你啊！"

Tuesday / ☀

去沙漠前的准备工作

老爷爷的提醒

1. "工欲善其事，必先利其器"，在出发之前，一定要对车辆进行严格检查，备好常用工具，比如军用小铁锹、扳手、老虎钳子什么的，因为驾驶可能抛锚的车去沙漠是自找麻烦。还有，一定不要一辆车去，最好是跟着车队。

2. 请一定准备充分的水！

万一车在沙漠抛锚怎么办?

千万记住

如果车子抛锚后需要在沙漠过夜，就用手边能找到的材料生一堆火。如果找不到材料，可以先把轮胎戳破，让热气顺利泄漏，然后点燃轮胎——这有利于搜救队发现你哦！

夏季暴雨惊魂

我最喜欢的季节是夏天，除了长长的暑假，还有冰激凌吃，有水可以玩；但我最不喜欢的也是夏天，因为我真的很怕热！

才放暑假不久，我便向老爸主动申请："我想到阿姨家去。她家在郊区，比城里凉快，这样我才能安心学习。"

老爸当然知道我的小心思——阿姨家那里有树林，有大河，我才不光是为了学习呢。不过他不但没有拆穿我，还英明地同意啦！这可把我乐坏了。

更幸运的是，我去阿姨家的一路上都顺顺利利的，在阿姨家住了几天也都一切正常。我有点得意地想："看来我要摆脱'倒霉蛋'的称号啦！这次不是很顺利嘛！"

谁知道乐极生悲，没过多久就发生了一件可怕的事。

那天一大早我又打算去田野里溜达。阿

姨提醒我："天气预报说今天有雷阵雨，你要小心。最好别出去了，注意安全啊。"

"阿姨，你放心吧，我会带伞的。"我一边嘴上应付着，一边想，"下雨有什么可怕的？我又不是没见过。"可我忘了，有些雨可和普通的雨不一样。

果然，还没走到田野呢，伴随着一阵大风，天"唰"地黑了下来，乌云压境，眼看就要下雨的样子。

"呀，真要下雨了，好在我有伞。"我不紧不慢地撑开伞。

可我没想到雨居然会下得这么大，雨点会砸得这么生猛！"哗啦哗啦"的，好像老天爷舀起一大盆一大盆的水往下面倒。伞简直一点儿用都没有，没几分钟，我的衣服就全湿了。

"得，赶紧回家吧！"我悻悻地想道。

然而回家的路并没有那么好走。路上已经开始积水了，水面上还漂着不知道从哪里

来的垃圾。随着雨越下越大、越下越急，地面上的积水也越来越多，没过多久，就从我的脚踝漫到了小腿……

"别回家啦！快找牢固的、地势高点的地方躲起来！"口袋里的玉米球儿焦急地喊道，"我可不想被冲进下水道。"

"好，好！"我也有点慌了，"到哪儿去呢？太好了！那边有路灯杆和电线杆，我去抱住它，我觉得我就要被水冲倒了……"

"不行不行！凡是可能接触到电的地方都不能去！墙边也不能去！广告牌下也不能待！"玉米球儿再次发出警告，"你前面30米左右的地方有房子！"

就在这时，我听到一声声模糊的呼唤，"孩子，快到这儿来，快！"原来楼房里面的人发现了我，正急切地喊着，"小心，你右边有个水井，那儿有旋涡！"

"好，好！"我跌跌撞撞，小心摸索着朝房子走去。雨更大了，冲得我差点跌倒，连腿脚也不听使唤了。我费力挣扎了许久，终于蹭到门口，房里的大人一把将我拉了进去。哇，可算安全了。

"来，孩子，快来好好洗个脚，擦干仔细检查一下有没有伤口。如果有伤口的话，还得消毒。"房主很热心地说。

我以为今天的倒霉事到此就结束了——雨很快就会停，然后我就可以回家了。可惜事情并没结束。

雨一直疯狂地下着，外面的自行车、垃圾桶都被冲走了，水漫进房里，我和房主一家最后不得不爬到了房顶上。幸亏这幢房子够牢固，也幸亏房主准备了很多食物和干净的水，还早早地打了报警电话，报告了自己的方位和险情。然而即使如此，我们还是在屋顶整整待了一天，才被装备齐全、训练有素的专业救援人士救到安全的地方。

后来的事就简单了，救援的人听说了我的经历，夸我做得好。因为我没有冒雨赶路，而是尽快到地势较高的建筑物处避雨；而且避开了灯杆、电线杆、变压器等可能漏电的物体。但救援人员也严肃地告诫我："以后如果有暴雨预警，就尽量不要出门玩啦！"

这个教训很深刻，我保证以后会做到。

Friday / 🌧️

下雨天应该注意什么?

1. 在雨天, 应密切留意降雨的情况, 如果没有特别紧急的事最好不要外出。

2. 如果独自在外面遇到大雨, 最好尽快找一个地势较高且牢固的建筑 (比如商店、银行、邮局、餐馆等公共场所) 躲进去, 直到雨停。

3. 避雨时最好打电话联系家人, 告知自己的具体位置, 请家人放心。

下暴雨时该如何保护自己?

1. 避雨时要远离建筑工地的临时围墙, 远离旗杆、烟囱等高耸的物体。不要站在大树下或靠近电线杆的地方。不要进入临时性的棚屋、岗亭等没有防雷设施的建筑物内。

2. 暴雨之后最好不要走有积水的路, 以防踩到危险的东西, 比如钉子、没井盖的下水井, 或者断落的电线之类。

15 地震来了

　　我虽然年纪不大，却经历过世界上最可怕的灾难之一：地震！想起不久前的那次经历，我直到现在还心有余悸——感觉好像从鬼门关走过一趟似的。

　　我清楚地记得，那天下午，快到晚餐时间了，我正赖在沙发上看动画片。突然，沙发好像被人使劲推了一下，玉米球儿好像说了些什么，我看电视正起劲，没顾得上理它。

　　可沙发继续摇。难道是玉米球儿又在捉弄我？我嘟囔着："干什么啊球儿，我看完这段再和你玩……"

　　忽然，沙发猛地变成上下摇动，我大惊失色，感到不对劲了！与此同时，我也听见玉米球儿近乎急迫、带着恐怖地大叫："地震啦！"

　　我大吃一惊，地震？！天哪，原来这就是传说中的地震！我已经有点站立不稳了。

我抓住门框，努力让自己镇定——越是可怕的时刻越不能慌！

　　我下意识的第一个念头就是"跑"！但玉米球儿不同意："不能跑！"是啊，因为真正强烈的地震，从现象发生到地震来到，一共才十几秒钟。如果在平房里，也许我还可能跑出去躲避；可我现在是在楼房里，这么短的时间里想逃到外面去，难度不是一般的大。

乘电梯就更不行了，因为电梯的电可能会中断，到时候上不来、下不去，肯定会被关在电梯里面。从楼梯跑下去？也不成，因为很可能在跑的时候，会有碎玻璃、砖头之类的砸下来……

　　一瞬间，这些念头像走马灯一样飞快地在我脑海中闪过。直到玉米球儿再次发话："立即切断电闸，关掉煤气！躲到'三角区'去！"

对啊！我马上照做，随后迅速蹲在厨房有承重墙的墙角下。这样做原因很简单：第一，墙角的承重力量比较好，比较坚固；第二，房子塌下来时，这里会形成一个相对安全的空间，这就是"三角理论"。最后，我用双手护住头——要是被砸了脑袋，可不是好玩的。

　　当我做完这些、又紧张又害怕时，突然一切又归于平静，好像什么事情也没发生过。

　　但是，刚才的确发生地震了！

　　谢天谢地，这次地震震级不大，我家的房子也没有被偷工减料，足够结实，但是我家里东西倒了一地，尤其是鱼缸、花盆之类的东西，有的倒了，有的碎了。

　　虽然地震已经停了，玉米球儿还是提醒我赶快离开家。庆幸的是，可能我家附近的楼房比较牢固，也可能因为地震震级不大，因此没有楼房倒塌，似乎也没有伤亡，大家正在指挥之下有条不紊地向最近的空旷地带撤离——因为地震之后很可能还有余震。

地震要来时，说到就到，万一灾难性地震发生了，该如何自救、互救呢？

玉米球儿提醒

1. 镇静，不要慌、不要乱！即使被埋在废墟里面，也不要着急。如果没有"三角区"可供躲避，也要用坐垫等物品保护好头部。

2. 尽量迅速寻找一个空间较大、通风良好的地方。要知道，人几天几夜不吃饭不喝水还能承受得住，可是万一氧气不足就麻烦大了。

3. 尽量找些水和食物。

4. 少说话。因为没有人知道什么时候救援人员能找到你，所以保存体力是最重要的！叫嚷、着急、烦燥……的结果就是：迅速消耗体力，同时抵抗力下降。那该怎么办？可以顺手找个铁器之类的东西敲一敲、打一打，提醒救援人员：这里还有人呢。

5. 如果是一群人被埋在一起，一定记得相互联系、相互鼓励。事实证明，"精神胜利法"有时候很管用。

6. 余震的威力可不能小觑，有时它们比主震还暴躁。所以，怎么也要按下性子，多听广播，关注地震消息，直到通知地震停止后，再转移哦。

如果地震时你在学校——

千万记住

    1. 正在上课的同学，要在老师的指挥下，迅速有序地撤离到空旷地方去。

    2. 在操场或室外的，要原地不动，蹲下、双手护头，同时注意避开高大建筑物或危险物。记住，千万不要回到教室去！

地震时千万不要做的事：

1. 不要跳楼！

2. 不要站在玻璃窗前，更不要到阳台上去！

3. 不要在摇晃的室内大喊大叫和乱跳！

4. 不要乘坐电梯！

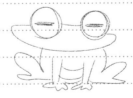

16 冰窟惊魂

冬天说来就来了。

跟着冬天一起来的，除了呼呼的大风，还有美丽的雪——白色的粉末几乎撒满了每个角落。与此同时，所有的水都变成了冰。我家附近的那个大湖也被封冻了，我经常会偷偷地去看一看，并情不自禁地想："如果有一天我走过整个湖面，该有多棒啊！"

老爸似乎看透了我的心思，总是隔三差五地提醒我："小蛋，千万别到结冰的湖上玩啊。"

可是结冰的湖好像有一种特别的吸引力，这天我又偷偷地过去了。哇，湖面上有人在走呢！而且上面还有很多积雪，看起来冻得很结实，很安全。我再也忍不住了，小心翼翼又莫名兴奋地走了上去。

"这里危险，别走了，快回家吧。"玉米球儿一直在劝我，可是我怎么也没能管住自己的腿。走在冰面上，每一声"咚咚"的轻响，都让我觉得有种莫名的刺激和震撼。

我先在湖边走，后来又慢慢向湖中心走去……突然，我觉得脚下的冰层发出的响声不对，还没等反应过来，冰层就碎裂了，我身子一斜，"扑通"掉进了湖中。虽然我有多次倒霉的经验，可是这一次，我依然感觉到地狱大门正向我敞开！

我知道，在冰冷的水中，最大的危险不在于会不会游泳（因为羽绒服里的空气至少能让人浮起一会儿），而是肌肉很快会被冻得麻木无力，这样一来无论水性多好，都可能被淹死。我似乎听到有人在惊呼，有人在跑……也许他们正在想办法救我。

"不要等人来救！赶快试着爬上冰面！"玉米球儿焦急地提醒我。我用双手不停地拍打着水面，可旁边的冰面也被打碎了，冰窟窿越来越大。

"别慌！慢慢向岸边移动，再找找看有

没有结实的冰。"球儿又及时给我帮助了。

　　我深深地吸了一口气，开始一边挪动，一边继续击打冰面寻找。我突然发现有一块冰貌似十分坚硬，于是先把双手伸到较结实的冰面上，双脚再使劲向后踢水，身体随之浮了起来。好冷，好冷……我觉得手脚都麻木了，然而求生的意志支撑着我，我继续不断

地踢水，一点一点地用手肘爬行，我希望能尽快爬到冰上，然后滚向岸边。

幸运的是，就在这时救援的人赶到了，他们还带来了救援工具：长长的、结实的绳子，以及轻便的梯子。

救援人员先是把梯子平放在冰面上，然后有两个人顺着梯子先后爬了过来；快接近我时，他们停下来，

把绳子投了过来，投了三四次，终于将绳子甩到我跟前。我立即用尽了吃奶的力气抓住绳子。救援人员也趴在冰面上，并将绳子紧紧地绕在手臂上，他们"1、2、3"一使劲，把我拉出来了！

这时，附近响起了一片掌声。不过还没等浑身哆嗦的我收拾心情去看，已经被扶到了岸边，接着他们把我弄到温暖的车里，帮着我脱去了湿衣裤，换上干衣裤，又用毛毯把我包起来，还端上一杯热乎乎的水……直到此时，我才确定我又一次幸免于难！

你以为这就算结束了吗？No! 更令人魂飞魄散的还在后面。

匆匆赶来、吓得要死的老妈带着我感谢完所有的救援人员之后，狠狠地骂了我一顿。她还以"浪费社会资源"为名，把我足足禁足了一个月。除了上下学，我连"放风"的时间都没有，好惨！虽然这是我"罪有应得"，我理解……不过，还是好难过。

滑冰也要注意安全！

玉米球儿提醒

　　1. 不要到非正式的冰场去玩。天气多变，那些结冰的江河湖泊看不到冰层的具体情况，很难准确预测什么时候才可以溜冰，因此很容易出状况。而一旦出了状况，也很难施救。

　　2. 要在成年人的陪同下去冰场玩，不要独自前往。

　　3. 如果发现有人落入冰窟窿，不要贸然进入水中营救，尤其是年龄小、不会游泳的同学。应该马上拨打救援电话，或请大人们前来营救。

　　4. 施救的大人最好携带救援工具，比如绳子、木棍等。在施救时，一定要注意：接近冰窟窿时，身体要趴在冰面上，防止冰层再次出现断裂。

如果身处严寒中怎么办？

千万记住

　　1. 如果你身处严寒之中，请记得：身体40%的热量会从头部流失，所以无论用任何方法都要把头裹住。另外，在严寒中，你的热量会流失得很快，如果发现食物，为了补充热量，就尽情吃吧！

　　2. 切忌用裸露的双手接触冰冻的金属，你的手会被粘住——后果绝对不堪设想！

　　3. 如果发生冻伤，千万不要做出极端行为，比如用火烤、用热水烫、洗冷水浴、用雪搓或捶打……要及时到医院治疗。

17 潜水有难

在寒冷的冬天里，如果能去热带的海边度假，那一定舒服极了！除了可以享受热烈灿烂的阳光、爽甜可口的水果之外，还可以到水里游泳或潜水！

这不，早在放寒假前，我们就和邻居张叔叔——一位潜水教练约好一起去海南的蜈支洲潜水。这可是我第一次潜水哦！哇，简直是心痒难耐！

去之前，张叔叔已经在游泳池内对我进行了严格的潜水培训。终于等到了出发的这一天！蜈支洲，大海，我来了！

蜈支洲是一个迷你小岛，位于三亚市北部的海棠湾内，面积只有 1.48 平方千米。在海南众多的岛屿中，它是最有特色的一个，气候怡人、乔木挺拔、灌木茂密、礁石万状、浪花如雪。两千多种树都生活在这儿，包括"植物中的大熊猫"：龙血树。

不过，这次我最期待的却是海底世界。

阳光照在海面上，波光粼粼，无比美丽。在张叔叔的指导下，我整理好潜水装备，便"扑通"一声跳进了水里。

被蔚蓝的海水包围着，我甩开了脚蹼往下游。由于有浮力，我的身体轻了许多。慢慢地，我调匀呼吸，下降到了一定深度，突然一个色彩瑰丽的世界呈现了出来：美丽的珊瑚、花花绿绿的海葵、竖着"长剑"的海胆、五彩缤纷的鱼儿……难怪有人感叹"没有潜过水，枉到蜈支洲"！有一只海龟从我身边慢慢游过，当我伸出手想去摸它时，尽管我觉得自己够快，它却慢慢远去……原来水中的一切动作都变慢了。

渐渐地，我感觉到耳朵的压力越来越大，"耳朵不会在潜水中受伤了吧？"我想，"唉，可惜把玉米球儿放在岸上了，不然还能问问它。"

就在这时，身边的张叔叔冲我做了个手

势，我马上就看明白了。嘿嘿，谁叫我之前训练认真、又有游泳小达人的底子呢！于是我捏住鼻子，闭住嘴，使劲呼气，让鼓膜反弹回来（在耳朵里，有一层叫"耳鼓膜"的薄膜，介于外耳道和内耳之间。在潜水时，水

压压迫耳鼓膜，会使它朝向内部弯曲，我们就觉得耳朵不舒服了。如果遇到这种情况，可以试试这个办法哦！一次不行，多来几次！）。然后，我慢慢浮出水面，摘掉潜水面具，深深地呼吸了一次，海水托着我浮在水面上。

噢，真美好！

又潜了一会儿，我突发奇想——我的好奇心一直很强，取下了潜水面镜，试着在水下睁开眼睛。哇，真的几乎什么都看不到！看来张叔叔说的是对的：太阳很难穿透水面，水越深，光线越暗。而且当我们的眼睛接触到水流时，视线会变得很模糊。

"眼睛这么娇嫩，可不能总刺激它。"想到张叔叔培训我时说过的话，我很快又浮上水面，重新戴上了潜水面镜。呵呵，我真的很想感谢发明潜水面镜的人！它上面的玻璃不仅把人的眼睛和外界的水流隔离开来，还能让人看得清楚。只不过潜水面镜有放大镜的效果，看到的物体要比实际的大得多。

又玩了一会儿，张叔叔便叫我上岸了。因为我是第一次潜水，年龄又小，在水里待太久了对身体发育不好。不过我还是很开心、很兴奋——我这个"倒霉蛋"这次还真没怎么倒霉呢！哈哈，难道我要就此摆脱"倒霉蛋"体质啦？

真感谢张叔叔，好想快点长大，能痛快地潜水，去探索海底世界啊！

要经过专业的培训才能潜水哦!

玉米球儿提醒

国际专业潜水教练协会（PADI）允许小孩从 8 岁开始学习潜水。年满 10 岁的小孩才能考取"PADI 青少年开放水域潜水员认证"，成为合格的潜水员。8～9 岁的儿童，可以在游泳池内或开放水域（最大深度是 4 米）学习潜水。在任何时候，儿童都必须有潜水教练随身陪伴。

1. 小朋友不要潜到 6 米以下。

当我们潜入水底深处时，会感到有巨大重量的水向自己压下来——每一升水重 1 千克，所以想想看，仅仅是水下几米的地方，会有多大的水压？因此，如果我们潜得太深，就会发生事故，比如耳朵会出问题。如果你还不到 14 岁，不要潜到水底 6 米以下。

2. 出水需谨慎。

潜水员使用的气瓶中存储的压缩空气，主要由氧气和氮气组成。当我们带着气瓶潜入水中时，吸入的氮气会在体内溶解；当我们返回水面时，必须将这些氮气一点点地排出，因此必须缓缓地浮出水面。如果浮出水面的速度太快，就会发生事故：那些氮气会形成小气泡，卡在体内，从而引起关节疼痛、头疼、组织坏死，等等。

3. 特别提醒：潜水时，不要干扰、投喂和企图乱摸海洋生物!

 大停电

据说，人类在地球上已经生活了至少600万年。

在很长一段时间里，在过去无数个黑夜中，人们夜里只能利用月亮、星星等来观察周围的一切。后来原始人知道了如何取火，又无意中发现了把牛油或蜂蜡涂在树皮或木片上，捆扎在一起可以点燃，这才有了火把，可以用来照明。

再后来，有人把牛油等动物脂肪融化后倒入模具中，冷却之后就成了蜡烛。这样的蜡烛价格昂贵，是身份权力的象征。在汉朝时期，蜡烛曾是南越向皇帝进贡的贡品。

好吧，说到这里，你一定奇怪，今天我怎么长篇大论地说起火把和蜡烛了呢？因为这些东西和我前几天的经历有很大关系——或者更准确一点说，是那个经历让我想到了

TIPS
南越国

公元前 203 年至公元前 111 年，汉朝境内岭南地区的一个王国。

它们。

前几天，我去了一趟老爷爷（还记得前面故事里，那位冒险经历很丰富的老爷爷吗？）的老家 M 镇，打算替老爷爷取回一件东西。这件东西很有意义，老爷爷怕丢失或损坏，不打算用快递；我恰好有时间，又想和爸爸、妈妈一起到 M 镇玩一趟，就主动请缨了。

M 镇是个很有文化气息的地方，古色古香。不过这里的生活已经和现代接轨了，有火车，有网络，也有高楼；家家户户早就用上了电和自来水。我们很快找到了老爷爷的老家人，受到了热情款待。他们请我们住进了他们的老房子。现在，这栋老房子的主人是老爷爷的侄子。

这栋老房子有些年头了，楼梯又窄又陡，木头也有点破朽，但整体保存得还算挺好。我们选择了二楼的一间卧室，住在这儿既有怀旧的感觉，又能享受现代化的便利，实在是个难得的体验。

晚上爸爸、妈妈出去看夜景，我在开着空调的房间里写日记。正写得投入时，突然眼前一片漆黑。我听见主人大喊"又停电了"，接着，楼下就传来一阵阵混乱的脚步声。

停电？这简直是上个世纪才会发生的事啊……我一边嘟囔着，一边开始想办法：还是得下楼去，一来可以问问情况，二来凉快。现在正是仲夏——一年之中最炎热的时候，房间里不开空调，很快就闷热起来了。

可是，还真是伸手不见五指。

于是我开始了胡思乱想——大家想想看，在过去那么长的时间里，没有照明工具，我们的祖先是怎么熬过来的？或者说，现在的我们多么无能——自从富兰克林发现了电，爱迪生又推广了电灯，人类的夜视能力就进入了衰退期。比如现在，我什么都看不见，过了一阵子眼睛才慢慢适应了黑暗。

首先，我需要手电筒。可是在这个陌生的地方，有没有手电筒？手电筒放在哪里？我还真不知道。

对了，我有手机！我摸索着找到了手机，按亮了它。主人在忙乱中还大声招呼我，说让我先待着别动，他找到蜡烛后，马上就来接我外出纳凉。

可是我忽然觉得好像在玩探险游戏——漆黑的夜晚，陌生的老房子……我应该去探险啊！我一手举着手机（幸亏我刚刚充饱了电），一边摸摸索索地打算凭着记忆下楼。夜里，身边的东西和白天或灯光下看起来完全不一样。我发动了自己全部的触觉和听觉：我摸到了墙壁的纹理，听见了虫鸣声、老鼠的窸窸窣窣声，还有主人找东西时碰倒了什么的声音……

然后，好家伙，我竟然踩空了楼梯！

接下来的事情不用说你也知道了——我从楼梯上摔下去，崴了脚。还好楼梯不是很高，如果刚才我乖乖地等主人来接，就不会发生这种事了。

你一定想问，一直陪着我的玉米球儿去哪里了？我猜，它肯定也想不到我下个楼也能弄出突发事件来，因此竟然没有提醒我！

做好面对黑暗的准备：

1. 要随时注意电台、电视台等大众媒体，及时获得有关停电的消息。

2. 家中应该准备好应急灯、手电筒或蜡烛，放在固定的地方，停电时可以方便地使用。

3. 重要的是在任何情况中，都不能疏忽大意。要谨慎、聪明、有耐心，利用一切条件，不要逞强。

突然停电时怎么办？

1. 停电时，小朋友如果一个人在家，一定不要乱动乱摸。

2. 停电时，手电、蜡烛、打火机、手表、收音机这些才是应急必需品。

3. 先等眼睛适应黑暗，然后找到物体来帮助"导航"，分辨方向。移动要缓慢，注意楼梯或者其他潜在危险。

4. 要记住自己的行动路线，如果有意外发生，可以及时返回。

5. 可以拨打电力部门的电话95598了解情况（电话使用独立的电源，通常不受停电影响）。

6. 假如你正在家中，一定要尽可能关闭停电时处于开启状态的家用电器（冰箱除外）。同时至少要开着一盏电灯，这样就可以知道什么时候恢复供电。

7. 停电后要预防火灾和燃气泄漏，在室内要注意通风。

8. 停电时，如果你正在家中，千万别跑到街上去。这时候家里才是最安全的。

19 触电一般的感觉，确实很要命

"你知道什么是电吗？电真是一头可怕的'老虎'啊，而且就在我们身边。要是不小心，随时都有可能被它吃了！"

这几天，我几乎见人就要唠叨这句话；书柜里也添置了好几本介绍电的科普书。经过一番恶补，我知道了"电有两种，一种叫正电，一种叫负电"，还知道了"电是一种自然现象，自然界里一直都有电，比如闪电、静电。然而人类发现并利用电却是从十七、十八世纪开始的，美国的科学家富兰克林还用风筝捕捉过电"，以及"现在人类生活中最离不开的就是电，电无处不在……"

好吧，我不得不承认，电当然是个好东西！可是我真有点儿不喜欢它——不久前我刚刚吃了电的亏。没错！唉，事情的发生就是那么令人无可奈何。

我虽然喜欢看电视和玩电子游戏，但也

早就知道电是个可怕的玩意了。很早以前，老爸就教育我："李小蛋啊，千万别乱摆弄电器设备。记住，凡是金属制品都是导电的，千万不要用手或铁丝、钉子、别针等金属制品去接触、探试电源插座内部。还有，水也是导电的，电器用品注意不要沾上水，不要用湿手触摸电器和电插头，也不要用湿布擦拭电器。比如电视机开着时，不能用湿毛巾擦，不然水滴进电视机壳内就可能造成短路，机毁人伤……"这些我都一一记下了，也一直很注意。可谁知道意外总会发生呢，尤其会集中发生在我这个"倒霉蛋"身上。

前几天，闲不住的我又出门去玩了。我不知不觉溜达到了一块尚未开发的荒地上，这里已经荒废一段时间了，高高低低的狗尾巴草、马鞭草、野苎麻……热热闹闹地生长着。根据我的经验，这里一定藏着各种好东西，比如蟋蟀、蚱蜢、螳螂，有时还可能会有壁虎。

我仔细搜寻着，没过多久，就发现眼前

有个灰色的小东西跳过——"蚱蜢！哈哈，我要捉住你！"我心里一喜，立刻扑了过去，可是却同时听到玉米球儿的大叫："不要！"然而我收不住了，来不及了，我的手已经碰到地面。我突然觉得全身一麻、眼前发黑，随即看到我正抓住了一条黑色的电线！

"不好！触电了！"

与此同时，我听到玉米球儿急促的声音："快扔开！"我立刻用另一只手抓住电线被橡胶包裹的绝缘处，使出吃奶的力气把电线甩了出去！然后整个人都瘫在了地上……过了很久，心还是怦怦乱跳。

回家之后，我查阅了好多资料，结果吓了一跳！原来只有在触电后的最初几秒钟内，人的意识不会完全丧失——当时只要我犹豫一小会儿，或者用的力气不够大，或者更倒霉一点点，我恐怕就有生命危险了！另外，触电事故是常常发生的，有不少人因此倒霉呢。

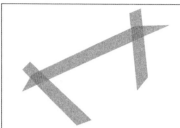

Thursday /

用电的安全注意事项：

玉米球儿提醒

　　1.家里最好使用防止儿童触电的插座，或者使用插座保护盖。

　　2.不要摆弄电器或插头插座；不要随意拆卸、安装电源线路、插座、插头等；插入或拔出插头时，要捏住插头，不要只拉电线。

　　3.玩耍时，要远离高压输电设备及配电室之类的地方；不要在高压线附近放风筝；不要到配电室中去玩，不要进入写着"闲人勿进"的总电房，不要用手触摸电源总开关。

　　4.哪怕装灯泡这么简单的事情，也要先切断电源，然后在父母的指导下进行。如果发现漏电、插头破损、电线绝缘体老化等情况，都要喊大人处理，不要自己乱摸乱碰。

　　5.清楚和了解家里电源总开关的位置和使用方法，出现意外时可迅速关闭总开关。

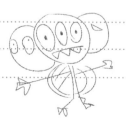

要是发现有人触电怎么办？

千万记住

　　1. 千万不要直接接触触电者的身体，以免自己也触电！任何救援者，在施救前必须确保自身安全。

　　2. 最先做的，应该是想办法及时关掉电源，喊大人帮忙或打电话报警。

　　3. 干燥的木头、橡胶和塑料不导电，是绝缘体。这些工具可以直接接触电源，不会引起触电，所以可以用干燥的木棍等将触电者与带电的电器分开。

要是自己触电怎么办？

　　1. 如果本人触电，附近又无人施救，触电者要镇定、冷静，想办法把电线扔掉。

　　2. 如果触电时电线或电器固定在墙上，也可以用脚猛蹬墙壁，同时身体往后倒，借助身体的重量甩开电线。

20 暑假驾到！
独自在家要注意！

最近我特别高兴，因为我最盼望的暑假终于来啦！

暑假前一天，老爸找到我，来了场"男人之间的对话"。他很严肃地问："李小蛋，你今年几岁啦？"

"9岁了。"我奇怪极了，心想：老爸怎么连我几岁都忘了？

"嗯，你是个小小男子汉了，有件事我想和你商量一下……"老爸说。

我简直有点受宠若惊："老爸，别客气，有话您请说。"

"是这样的，暑假夏令营还得两天才开始，可爸爸妈妈白天要上班——如果你还是学龄前儿童，爸爸妈妈是绝对、绝对不会让你一个人在家的，但是现在……"

"我明白啦，明白啦！就是说我要一个人在家两天？"还没等爸爸说完，我就有点儿不礼貌地抢过了话头，因为我的小心肝已经怦怦直跳啦！独自一个人在家？哇，这意味着"山中无老虎，猴子称大王"，我可以自由自在了！想想看，我可以随便玩iPad，看电视，吃冰激凌……

爸爸好像一眼看透了我的小心思："既然你同意，咱们就来个约法三章？"

"行，行！约法三章就约法三章！"我已经被"自由"深深吸引住了，一口答应下来。

老爸开始说一条条规定：

遇到有陌生人敲门的时候，要先通过"猫眼"观察，不管是不是陌生人，都要和爸爸、妈妈取得联系，说明情况。如果是不认识的人，不管有什么理由都不要开门。

不要玩火、玩电。

每天只能吃一个冰激凌。

玩 iPad 和看电视的时间，一天加起来不超过 1 个小时。

要认真完成当天的作业。

……

老爸终于唠叨完了，还把"约法三章"写下来，让我签了名字，贴在了墙上。哼，老爸也真是的，我李小蛋可是一个男子汉了，一个人在家又有什么好担心的！

第二天一大早，老爸、老妈又嘱咐了好一会儿才去上班，而我也自由啦！我先做完了作业，又在约定时间内玩了电子游戏，看了一会儿电视。一切都很顺利，也没有人敲门。看看表还有大把大把的时间，我干点什么好呢？

　　我左看右看，左思右想，决定还是锻炼身体吧。于是我找出毽子踢了起来。一下、两下、三下……

　　"倒霉蛋！倒霉蛋！"突然我似乎听到楼下有人喊我，听起来有点像小疙瘩的声音。我忙跑到窗前探头去看，"哎呀，根本看不到人呀，看来要踩个凳子试试。"

　　"不行！不行！"玉米球儿及时发出了警告，"绝对不能探身到窗户外面，会掉下去的！""是吗？"我犹豫了一下，"玉米球儿每次的警告都很及时，很正确……而且我家在五楼，要是不小心摔了下去可就惨了。"再仔细听听，外面又没声音了，也许小疙瘩看到没人搭话，已经走了。

"要不我煮点儿饭？"我探头看了看厨房。不过我答应过老爸，不能自己用煤气做饭。话说老爸早就发现我最近对做饭特别感兴趣，还特别提醒过我，没有大人在旁边指导，不能自己开煤气灶，否则不仅容易造成烫伤，还有煤气中毒和火灾的危险。

唉，我还是吃饼干吧。我简直有点骄傲了——正像爸爸说的那样，我是个小小男子汉了，应该说话算话，答应的事就要做到！可惜我得意得有点早，就在我吃完饼干去倒热水的时候，一不小心被热水烫了手！"哇，哇，好烫！"我一边叫着，一边奔到水龙头边，用冷水冲起手来。

就这样，我有惊无险地过了一整个白天，等到爸爸妈妈回来的时候，我不但做完作业，还把家里整理得整整齐齐。

"李小蛋，你真的长大啦！"哈哈，这是暑假第一个晚上老爸老妈说得最多的话啦！

Tuesday / ☀

玉米球儿提醒

除了李小蛋和爸爸的"约法三章"，小朋友暑假独自在家请注意：

1. 一个人在家时，必须关好门窗，上好锁。

2. 有人敲门时，先从"猫眼"观察一下，如果不认识对方，无论来者是女是男，对方说什么，都不要轻易开门，可以礼貌地请对方留下姓名和电话，等家里有大人时再来。

如果对方有物品递交，可以让他（她）交到小区保安处或邻居家，或打电话征求家长的意见。

如果对方一定要你开门，必须先打电话给爸爸或妈妈确认后，再做决定。

必要时可拨打110报警电话。

3. 平时一定要记住父母的电话、本地派出所的电话以及最近几家邻居的电话，必要时刻可以联系求助。

4. 当小朋友独自在家时，如果接到陌生人打来的电话，可以让对方直接打电话给爸爸、妈妈，并且不要将家庭住址、爸爸妈妈的手机号码等信息透露给对方。

5. 独自在家的时候，如果发现窃贼溜进家中，不要盲目反抗，也不要忙于呼救，切记：保护自己不受伤害才是最重要的。

21 头晕、心慌、恶心，
你被"秋老虎"咬了吧？

今天是个很有意义的节气：立秋！虽然现在还是暑假，又闷又热，但我一想到"秋高气爽"这个成语，就觉得清凉。

我早早地做完了作业，换上了球鞋、运动服，带上心爱的篮球，决定练球去！都秋天了，窝在家里吹空调不符合我的性格。

最近，我爱上了篮球。体育老师都说我打得不错，鼓励我多练，你说我能不起劲吗？或许我就是下一个乔丹呢！

拍球、运球、投篮……我在球场上奔跑着、跳跃着，越练越上瘾，汗水不知不觉浸湿了运动背心。可是慢慢地，我觉得有点不舒服，头也有点晕。

"也许我只是累了，但我不能休息，只有不怕苦不怕累，我才可能成为乔丹！"我给自己鼓劲加油，然后继续奔跑。

"倒霉蛋！不要再练了，赶快去休息、

喝水！"我突然听见玉米球儿的警告。

"我还能再练一会儿呢。"我有点不服气，可是事实早就证明，玉米球儿几乎每次都是对的。

等我终于熬不住，乖乖停下脚步，打算到树荫下休息一下时，还没走两步，就觉得"哎呀，真不舒服……头晕、心慌、恶心，还想吐……好难受……"接着脚一软，倒了下去……

等醒过来的时候，我已经平躺在树荫下，周围围了两三个人，有的正在给我扇风，有的用湿毛巾给我擦脸，凉凉的，很舒服。

"好啦，好啦，醒啦，醒啦！"

"感觉怎么样？好点了吗？"

"来，喝点水。"

我听话地就着一个阿姨的手喝了几口水，觉得自己又虚弱又难受。我猜一定是这几位好心人把我移到这儿来的，刚想说"谢谢"，阿姨又说话了："孩子，你一定是中暑了，脸这么红！唉，这么热的天，顶着大太阳，怎么想着来打球呢？打多久啦？"

　　"就是。"旁边的一位叔叔也有点儿责备地说，"如果不是我们正好经过这里，你可就危险了，中暑也会要人命的。"

　　我有点儿羞愧："谢谢，谢谢叔叔阿姨。我没想到会中暑，下次不会了……"

　　"好了，孩子，别说话了，再喝点水，救护车马上到了。你爸爸、妈妈电话是多少？我们通知他们一下。"

　　再后来，我就被送到了医院，对中暑也有了更深刻的认识：原来，中暑真的有可能会要人命！因为脑部等各种器官处于高温的时间越久，全身细胞及器官就越容易被"烧坏"。由于有些器官功能很难恢复，因此有些人即使被救回来也会出现后遗症。医生还告诉我，有的重度中暑患者送急诊住院两星期后，还会走路不稳，写字歪七扭八，这就是体内高温使得小脑功能受损的缘故。

　　而我这次……唉，想想就有点儿后怕。幸亏我遇见了几位好心人！以后如果我遇到需要帮助的人，也一定要向他们学习。

　　这次可要记住了，如果你真的很想运动锻炼，也要注意适当休息、喝水，并且要控制自己的运动量。反正不能像我一样，以为立秋了就掉以轻心，其实"秋老虎"咬人更可怕，中暑真的不好受哦！

Sunday / ☀

预防中暑应该怎么做?

玉米球儿提醒

1. 最好、最简单的方法就是尽量避免在酷热及潮湿的天气下长时间、剧烈的运动。

2. 如果我们不得不出门，也要记得穿上宽松的浅色衣服，以免吸收过多的紫外线；同时还要做好防晒保护，比如撑阳伞、戴遮阳帽或太阳眼镜，并尽量走在遮阳的地方。

3. 要随身携带水壶，以便随时补充水分，不要等到渴了再喝。

4. 不要过度依赖空调和电风扇，以防因室内外悬殊的温度差而中暑。适当进行"耐热训练"，主动适应自然气温。

如果有人中暑了，我们可以怎么做？

千万记住

1.马上把中暑的人移到阴凉、通风的地方，同时垫高头部，身体躺平。

2.帮助患者脱掉多余的衣物，解开衣扣，帮助其更好地呼吸和散热。

3.除了扇风，还可以用冷水沾湿毛巾（但不能使用酒精！）替中暑的人擦拭身体或头部，或在额头、太阳穴涂抹一点清凉油、风油精等。如果有风扇之类的就请打开。

4. 如果只是轻微中暑，患者短时间内就会清醒。这时候可以给他喂一些水、食盐水，或稀释的电解质饮料（比如运动饮料），但要少量多次。

5.如果病人5～10分钟仍没有恢复意识，一定要赶紧送医处理——尤其是有慢性病史、曾中风者以及老年人，更要小心。

22 冬天，小心这些"神器"

我龇牙咧嘴地趴在床上，大腿上还涂了一层厚厚的药膏。

我已经这样整整趴了两天了。每一个来看望的小伙伴都用似笑非笑、充满同情的眼神看着我。其实我也觉得自己很搞笑，尤其是想到怎么把自己搞成这样的……

那是两天前的事。

你可能不知道，我们这儿下了好大一场雪，白茫茫一片！我呢，当然不会躲在屋里赏雪啦，全副武装跑了出来，在雪地里打滚，和小疙瘩他们打雪仗，最后还和爸爸堆了个漂亮的雪人——它长得圆溜溜的，简直就像玉米球儿一样。我还把我的帽子送给了它："哈哈，小球儿，你在老家没见过这美景吧？"

玉米球儿没说话，我猜它也是被雪景吸引了。总而言之，我们玩了很久很久，等到我回到家的时候，才感觉到："好冷，好冷……"

然后，我就找出了我的"神器"：两个胖胖的热水袋。装满热水，换上睡衣，爬上床，我就把它们分别塞到大腿下和脚边。

哇，好温暖，好温暖！

就这样，我慢慢地睡着了……等我醒来的时候，觉得哪里好像不对劲。我迷迷糊糊地想着，突然反应过来——我的大腿正火辣辣地疼！仔细一看，居然红了一大片，用手一摸，好疼！好像还有一个个小小的、圆圆的水泡！

"糟糕，一定又是烫伤了！"倒霉过许多次的我立刻做出了判断：有没有搞错啊，热水袋也能把我烫伤？也太倒霉了！对付这种烫伤，我一时也不知道该怎么办，只好忍着疼痛穿上衣服到附近的社区医院看医生。

医生却见怪不怪："嗨，小蛋，别不好意思，这样的病例我见多了。有人还反复烫伤，有人烫伤严重，甚至需要植皮呢。我给你看看……你这个还算轻度呢。"

我谢过了医生，然后带着药物一瘸一拐地回到家，开始了一天之中大部分时间趴在床上的生活。

"唉，玉米球儿为什么没有警告我呢？一定是想看我的笑话！"我一边趴在床上，一边恨恨地想，然后我就听见了玉米球儿竭力忍住笑的声音："倒霉蛋，嘿嘿，对不起，对不起。我昨天看雪看入迷了，我的老家真没有下过雪呢。而且我也真没想到你待在床上睡一觉也能被烫伤……别生气啦，为了将功补罪，我给你讲讲低温烫伤吧。"

"这还差不多。"我这才有点消气了，"快说吧。"

不说不知道，一说吓一跳。原来，除了开水、热油、高温蒸汽以及夏天高温制造的"烫伤利器"等之外，冬天人们热爱的某些"神器"也能烫伤人，它们就是——热水袋、暖宝宝、电热毯……

长时间接触它们会造成低温烫伤，最常见的表现就是皮肤出现红肿以及水泡。这种烫伤没有高温烫伤痛感清晰，所以更加难以防备；而且它们往往会带来更深的伤害——如果创面比较深，可能会造成深部组织坏死；如果处理不当，严重的甚至会发生溃烂，长时间都无法愈合呢。

所以，冬天取暖可要多多小心啊。

还有一种烫伤叫"低温烫伤"：

玉米球儿提醒

低温烫伤是指虽然基础温度不高，但皮肤长时间接触高于体温的低热物体（37℃左右）而造成的烫伤。简单说，就是低温热源热敷或者热接触的时间太长引起的。

治疗烫伤，不能相信"土办法"！

千万记住

不要私自往伤口上涂抹任何药品。冷水冲洗后就用干净的纱布覆盖创面，然后及时赶往医院，由医生来进行专业的伤口处理。

防止烫伤的几个小建议：

1. 不要长时间接触高于体温的物品，尤其是一些有糖尿病、脉管炎、中风后遗症的老年人更应该注意，小朋友也要记得提醒自己的爷爷奶奶啊。

2. 暖宝宝、热水袋等可以用，但一定要多隔几层衣服放置。

3. 电热毯用来暖被窝可以，开一整夜可不是个好习惯。

4. 泡脚的热水最好不要超过 45℃。

5. 一旦烫伤，最好到正规医院进行检查治疗，以防耽误治疗，造成创口不易愈合。

23 中了蘑菇的毒

我的外婆住在云南的乡下。

外婆家附近有片很大很大的林子，生长着各种各样的植物，开着颜色各异、姿态不同的花，还有唱着动听歌曲的鸟儿。对于在城市里长大的我来说，这片林子简直是蕴藏着无数珍宝的"宝库"。所以，每当我去外婆家的时候，总是去林子里快乐地漫游。

这天，下过一场大雨之后，空气特别清新，我又去林子里玩。你们猜，我看到了什么？蘑菇！

　　一簇簇、一朵朵，白色的、黄色的、橙色的，还有鲜艳的红色……大的、小的、不大不小的……它们长在树下、草丛中，甚至树洞的土里，悄无声息地看着这个美好的世界。

　　"电视里都提倡吃'绿色食品'，野生蘑菇一定是绿色食品，吃了对身体肯定有好处。我要不要来个蘑菇盛宴呢？"我盯着蘑菇们，想着外婆做的蘑菇火锅的味道，开始流口水了。"先采哪个呢？"

　　"这些蘑菇里可能有毒蘑菇！"玉米球儿开始紧张地提醒我了。

　　"我知道，我当然知道，可我知道如何分辨毒蘑菇——那些超级漂亮又鲜艳的蘑菇才有毒呢，我可以选不那么漂亮的。"我一边对玉米球儿说，一边变成了"采蘑菇的小男孩"。

　　一朵、两朵、三朵……最后我采了一大堆带回家了。可惜外婆不在家，没人帮我煮，不过我也会啊：抓了一大把蘑菇洗洗，全丢到锅里煮汤喝！

"别吃！可能有毒蘑菇！不能吃！"玉米球儿一直在叫唤，可蘑菇汤诱人的香味一个劲地钻到鼻孔里，我怎么也忍不住了："玉米球儿，你太小心啦！我采的又不是毒蘑菇！"于是，我喝完一碗又盛一碗，一直喝到肚子被撑圆了，再也喝不下了，才抚摸着肚子心满意足地躺在沙发上。

不知道过了多久，我渐渐觉得有些不舒服。哎呀，我什么时候到了"小人国"？桌子上、墙上、窗户外面的树上……到处都是不到一尺高的小人。它们穿红着绿，一个个调皮极了，不是冲我做鬼脸，就是冲我咯咯笑。

"呀，快走，快走！你们老看我干什么？"我控制不住地大喊大叫起来。

迷迷糊糊中，我似乎听到外婆惊慌的声音："这孩子一定吃了那些蘑菇了，快快！"随后我似乎被灌了很多很多温开水，又有什么东西伸到了我的喉咙里。"呃——"我狼狈地大声呕吐起来，鼻涕眼泪一大把。

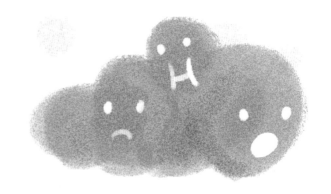

"好啦，好啦！"外婆一边轻轻拍着我的后背，一边说，"来，再喝点水，多喝点。"

　　尽管还不太清醒，我也知道情况不妙，于是听话地又喝了很多水，又被催吐……感觉好像整个胃都被吐出来似的。最后我被送到附近的医院，进行观察治疗。

　　几天后，我终于完全康复了，等待我的可是来自全家的大批判。

　　我终于弄明白了，原来让我中毒的是小美牛肝菌！这种必须与森林中活的树木长在一起、通过树根从植物体获得营养成分的蘑菇，虽然貌不惊人，虽然美味，但是如果烹调加工不当或过量食用，就会引起"小人国幻视症"——就像我一样看到各种小人，对身体也特别不好。

　　还有哦，原来毒蘑菇并不都是彩色的。一些好看的蘑菇可能是没毒的，一些不太好看的蘑菇也可能是有毒的——比如外形光滑挺拔，颜色纯洁朴素，还有微微清香的"白毒伞"。它看起来十分像无毒蘑菇，却是世界上毒性最强的大型真菌之一，在欧美国家号称"毁灭天使"，吃了它很可能会死亡呢！

蘑菇不能乱吃!

玉米球儿提醒

1. 毒蘑菇难以分辨、容易误采,并且高温加热也不一定能够杀灭其中的毒素,所以千万不要采摘、食用野外的蘑菇。

2. 就是自己家院子里和房子周围长出来的蘑菇也不能吃,以防中毒!

万一发现自己食用了毒蘑菇——

千万记住

1. 立刻停止进食,马上饮用大量的温开水或者稀释盐水,然后把筷子或者别的干净器具放在嘴里刺激咽部,反复催吐。

2. 催吐后注意补充水分,应多喝白开水、淡盐水、茶水或蜂蜜水;减少体力活动,防止毒素在体内扩散。

3. 立即到正规医院救治,而且最好携带误食的蘑菇样品,以备进一步的诊断治疗。

不吃"五毛零食"

"小蛋，你最近胃口不好吗？"中午吃饭时，老妈看着我担心地问，"怎么又只吃了一小碗饭和一点菜？"然后又转向老爸说："要不要带他去医院看看？"

"不用，不用，没什么。我好着呢，好着呢！"还没等老爸回答，我便急切地连声回答道。

我真怕他们带我去医院啊！这不仅仅是因为我不太喜欢医院里的味道，还因为我担心医生会发现我的秘密。

我呀，不仅仅是个倒霉蛋，还是个地地道道的小吃货。前段时间，我不是因为吃野生蘑菇吃到医院了吗？当然，我现在已经知道了，蘑菇不能乱吃，尤其不能吃不认识的蘑菇，所以我这段时间偷偷吃的不是蘑菇——而是"五毛零食"！

　　我们学校门口有四五家小商店。只要走进去，就能看见花花绿绿、各种各样的零食，比如辣条、肉串、片甲不留、唐僧肉……简直看看名字都要流口水呢。

　　最开始，我也是不吃这些零食的，因为老师和爸爸妈妈都强调过："那些零食不能吃！"可是身边的小伙伴们都在买，也都说很好吃。有一次我忍不住吃了点儿，结果发现太给力了！而且它们大多数只要五毛钱哦，所以在我们中间很流行！只要一有机会，我们就会冲进商店"买买买""吃吃吃"。

　　渐渐地，我越吃越上瘾，几乎每天都得吃上几袋——为了不让玉米球儿唠叨我，我买这些零食时都不带玉米球儿，嘿嘿。

正当我想得出神，突然听到了老爸的声音："……小蛋，李小蛋，你想什么呢？我觉得你最近精神也不太集中，还老是神神秘秘的。不行，还是得带你去看看医生！"完啦！我心里惨叫一声，最后不得不跟着老爸老妈去了医院。

医院里那个穿着白大褂、和蔼可亲的医生好像有法术一样，他听了听我的心跳，让我张开嘴看看，又问了我一些问题，就好像什么都知道了："小朋友，最近在外面都吃了什么啊？"我只好老实交代了自己最近的"零食爱好"。

"小朋友，你吃不下饭，身体不好，都是这些零食惹的祸啊！那些'五毛零食'大多数都是调味面制品和调味豆制品。虽然是小包装，一袋东西很少，但含有超量的甜蜜素、山梨酸钾、食品香精等，不然味道怎么这么好呢？北京市食药监局曾经公布了 97 个'五毛零食'样本营养含量测定，结果表明全部都脂肪、钠和甜蜜素含量过高。更可怕的是，有些'五毛零食'还是'三无'产品，连厂家都没有呢。你仔细看过包装吗？"

"啊，没，没有……"

"我还要告诉你，如果你继续长期吃这些食品，一直摄入较高的盐分和脂肪，不仅会扰乱消化系统的正常活动规律，影响正餐摄入量，还意味着给自己'添堵''服毒'呢，那些危害健康的'定时炸弹'说不定什么时候就爆炸了！"

"真的？那……那我再也不吃零食了！"我一下子害怕起来。

"这倒不用。"医生笑了起来，"吃零食也不是不可以，但我们要选择好的零食。咱们最好不吃的是那些营养价值低，含有或添加比较多脂肪、糖、盐的零食，比如糖果、油炸食品、膨化食品、饮料、冰激凌……这些尽量少吃。

干果类，像核桃、杏仁、花生之类的，它们都含有优质的不饱和脂肪酸，还有各种维生素和微量元素，但是干果的脂肪含量高，而且容易上火，所以每天适量吃一点就可以了。

另外像火腿肠、牛肉干、鱿鱼丝等腌制食品，虽然也有一定的营养，但它们所含的添加剂对生长发育有一定的影响，所以也应该控制食用。”

“啊，怎么我喜欢吃的都要控制食用啊。”

“哈哈，你别噘嘴呀！”医生乐了，“还有一些零食，比如粗粮类的，像全麦饼干、番薯干、绿豆饼等，都是富含膳食纤维的食物；另外，像酸奶、鲜牛奶、鲜果汁、蔬菜汁等富含维生素、蛋白质的饮品也对身体有各种各样的好处，这些都可以多吃一点儿哦。”

“嗯！”我重重地点了点头。我发誓，以后吃零食一定要有选择，而且随时带着玉米球儿，有了它的警告，我一定会挑选好零食的！

购买零食时该注意什么?

玉米球儿提醒

1. 到正规商店购买食品,不买学校周边、街头巷尾的"三无"食品。

2. 购买食品时应该注意食品是否发霉、变质或过期。

3. 仔细查看产品标签。食品包装上的标签必须有:产品名称、配料表、净含量、厂名、厂址、生产日期、保质期等。不买标签不规范的食品。

怎样吃零食才更卫生健康?

千万记住

1. 正餐之外少吃零食。

2. 白开水是最好的"饮料"。饮料大多数含有防腐剂和色素等,不利于小朋友们的健康。

3. 少吃油炸、烟熏、烧烤的食品。这类食品如果制作不当,会产生有毒物质。

后 记

时钟嘀嘀嗒嗒一直不停地走。

倒霉蛋，哦，不，现在请叫我的大名——李小蛋同学已经渐渐长大了。在亲爱的玉米球儿的帮助下，我已经不那么倒霉啦。至于我们还经历了什么样的精彩故事，以后再讲给大家听。

现在，我和玉米球儿想告诉你的是：在咱们的生活中，虽然大大小小的危险无处不在，但只要多加注意，多多了解相关知识，就一定会平平安安，健康成长。

再见，下次见！